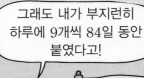

수학경시대회 대표유형 문제

▶정답은 1쪽

1. 곱셈

① (세 자리 수)×(한 자리 수)

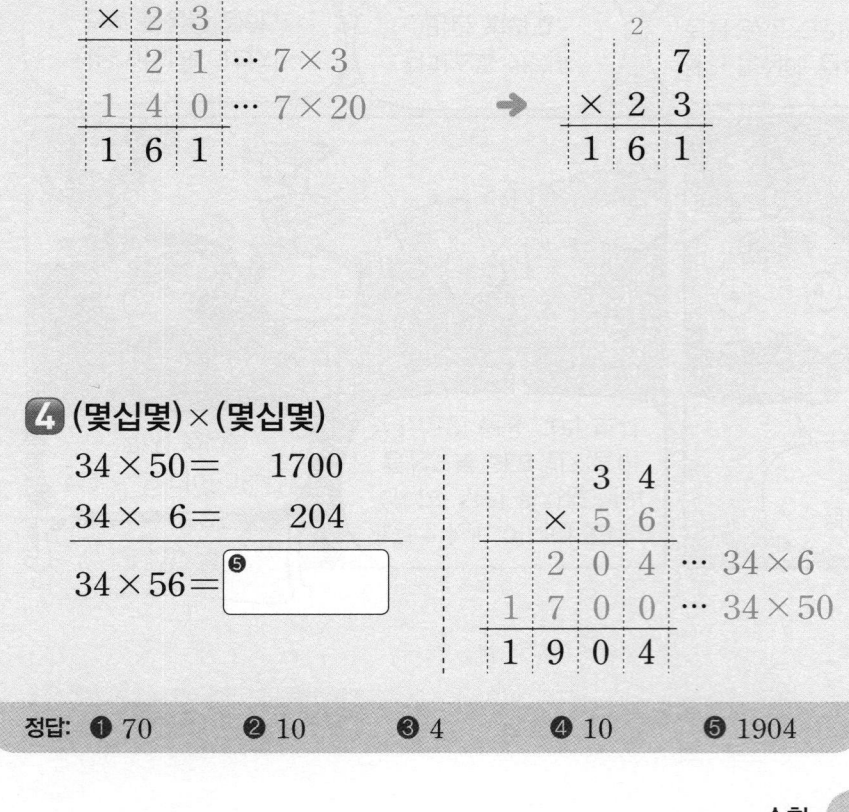

② (몇십)×(몇십), (몇십몇)×(몇십)

⑴ (몇십)×(몇십)

$$50 \times 70 = 50 \times 7 \times 10$$
$$= 350 \times \boxed{②}$$
$$= 3500$$

		5	0
×		7	0
3	5	0	0

⑵ (몇십몇)×(몇십)

$$12 \times 40$$
$$= 12 \times 10 \times \boxed{③}$$
$$= 120 \times 4$$
$$= 480$$

$$12 \times 40$$
$$= 12 \times 4 \times \boxed{④}$$
$$= 48 \times 10$$
$$= 480$$

③ (몇)×(몇십몇)

④ (몇십몇)×(몇십몇)

$$34 \times 50 = \quad 1700$$
$$34 \times \ 6 = \quad 204$$
$$34 \times 56 = \boxed{⑤}$$

		3	4
×		5	6
	2	0	4	··· 34×6
1	7	0	0	··· 34×50
1	9	0	4	

정답: **①** 70　**②** 10　**③** 4　**④** 10　**⑤** 1904

대표유형 **①**

253을 수 모형으로 3번 놓아 보고, 253×3을 구하세요.

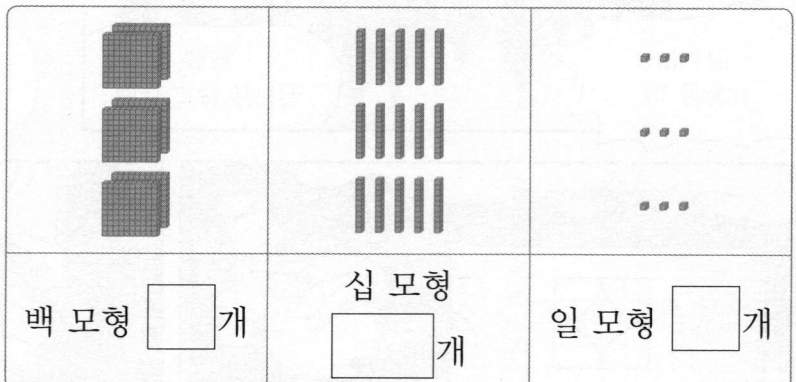

백 모형 ☐ 개	십 모형 ☐ 개	일 모형 ☐ 개

풀이

$$200 \times 3 = \boxed{}$$
$$50 \times 3 = \boxed{}$$
$$3 \times 3 = \boxed{}$$
$$\Rightarrow 253 \times 3 = \boxed{}$$

답 _____

대표유형 **②**

㉠에 알맞은 수를 구하세요.

×	20	30
40	800	㉠

풀이

가로줄과 세로줄에 있는 두 수의 곱을 구합니다.

$$㉠ = 40 \times \boxed{} = \boxed{}$$

답 _____

대표유형 **③**

두 수의 곱을 구하세요.

21	43

풀이

$$21 \times 40 = \boxed{} \text{이고 } 21 \times 3 = \boxed{} \text{이므로}$$
$$21 \times 43 = \boxed{} + \boxed{} = \boxed{} \text{입니다.}$$

답 _____

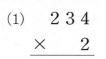

1. 곱셈

점수 |　　　　　확인 |

▶정답은 1쪽

1 계산해 보세요.

(1)　　2 3 4　　　　　　(2)　　　5 4 7
　　　×　　 2　　　　　　　　×　　 5

2 오른쪽 곱셈을 계산할 때
$8 \times 6 = 48$에서 8은 어느 자리에
써야 하는지 찾아 기호를 쓰세요.

（　　　　　　　）

3 □ 안에 알맞은 수를 써넣으세요.

$$38 \times 90 = 38 \times 9 \times \boxed{}$$

$$= \boxed{} \times \boxed{} = \boxed{}$$

4 오른쪽 계산에서 □ 안의 두 수의
곱은 얼마를 나타내나요?

（　　　　　　　）

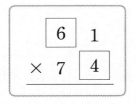

5 □ 안에 알맞은 수를 써넣으세요.

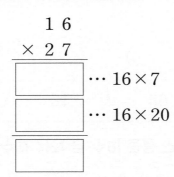

6 빈칸에 알맞은 수를 써넣으세요.

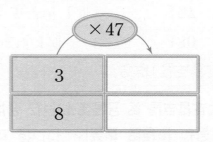

7 덧셈식을 어림해 보고 곱셈식으로 나타내어 계산하
세요.

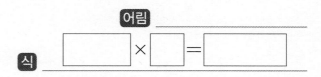

어림 ＿＿＿＿＿＿＿＿

식 $\boxed{} \times \boxed{} = \boxed{}$

8 잘못된 부분을 찾아서 바르게 계산해 보세요.

```
    4 8              4 8
  × 4 6            × 4 6
  ─────            ─────
  2 8 8
  1 9 2
  ─────
  4 8 0
```

9 계산 결과를 비교하여 ○ 안에 ＞, ＝, ＜를 알맞게
써넣으세요.

$$39 \times 26 \bigcirc 1024$$

10 달걀이 한 판에 30개씩 들어 있습니다. 70판에는 달
걀이 모두 몇 개 들어 있을까요?

식 ＿＿＿＿＿＿＿＿＿＿＿＿

답 ＿＿＿＿＿＿＿＿

11 가장 작은 수와 가장 큰 수의 곱을 구하세요.

21   7   29

(   )

12 계산 결과가 800보다 큰 것의 기호를 쓰세요.

㉠ 27×30 ㉡ 39×13

(   )

13 비행기 한 대에 승객이 417명씩 탔습니다. 비행기 2대에 탄 승객은 모두 몇 명일까요?

(   )

14 ☐ 안에 알맞은 수를 써넣으세요. 〔추론〕

$$\begin{array}{r} 9\ \square \\ \times\quad 7\ \\ \hline 6\ \square\ 4 \end{array}$$

15 한 상자에 25개씩 들어 있는 호두과자가 있습니다. 24상자에 들어 있는 호두과자는 모두 몇 개일까요?

(   )

16 빈칸에 알맞은 수를 써넣으세요.

$$14 \xrightarrow{\times 60} \square \xrightarrow{\times 3} \square$$

17 수 카드 1 , 4 , 7 , 3 중 2장을 골라 계산 결과가 가장 큰 곱셈식을 만들려고 합니다. ㉠, ㉡에 알맞은 수를 구하세요. 〔추론〕

$$\begin{array}{r} \boxed{㉠} \\ \times\ 9\ \boxed{㉡} \end{array}$$

㉠ (   )
㉡ (   )

18 ☐ 안에 들어갈 수 있는 자연수 중에서 가장 큰 수를 구하세요.

$287 \times \square < 1200$

(   )

19 어떤 수에 34를 곱해야 할 것을 잘못하여 더했더니 123이 되었습니다. 바르게 계산하면 얼마일까요?

(   )

20 식품을 먹었을 때 몸속에서 발생하는 에너지의 양을 '열량'이라고 합니다. 식품별 열량이 다음과 같을 때 은정이가 먹은 간식의 열량은 몇 킬로칼로리일까요? 〔창의·융합〕

간식	열량(킬로칼로리)
도넛 1개	180
삶은 고구마 1개	157
사과 1개	98

은정이가 먹은 간식: 삶은 고구마 4개, 사과 1개

(   )

수학경시대회 대표유형 문제

▶정답은 2쪽

2. 나눗셈

1 (몇십)÷(몇)

$8÷4=2$

➡ $80÷4=$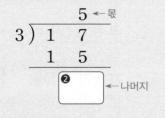

나누어지는 수가 10배가 되면 몫도 10배가 됩니다.

$50÷2=25$

십 모형 5개를 일 모형 50개로 바꿔서 2개씩 묶으면 25번 묶을 수 있습니다.

2 (몇십몇)÷(몇) (1)—나머지가 없는 경우

```
    2
2 ) 4 2
    4 0
```
➡
```
    2 1 ←몫
2 ) 4 2 ←나누어지는 수
    4 0
      2
      2
      0
```
나누는 수

3 (몇십몇)÷(몇) (2)—나머지가 있는 경우

```
      5 ←몫
3 ) 1 7
    1 5
   [❷]  ←나머지
```

```
    1 5 ←몫
4 ) 6 3
    4
    2 3
   [❸]
      3 ←나머지
```

4 (세 자리 수)÷(한 자리 수)

```
6 ) 4 9 3
```
백의 자리에서는 나누지 못함.
➡
```
    8
6 ) 4 9 3
    4 8
      1
```
➡
```
      8 2
6 ) 4 9 3
    4 8
      1 3
      1 2
     [❹]
```

$4÷6$ $49÷6$ $493÷6$

5 맞게 계산했는지 확인하기

$43÷8=5\cdots3$

확인 $8×5=40$ ➡ [❺] $+3=43$

나누는 수와 몫의 곱에 나머지를 더하면 나누어지는 수가 되어야 합니다.

대표유형 ❶

계산해 보세요.

$$90÷3$$

풀이

$9÷3=3$ ➡ $90÷3=\boxed{}$

답 _____

대표유형 ❷

나머지가 더 큰 나눗셈의 기호를 쓰세요.

㉠ $37÷7$ ㉡ $31÷4$

풀이

㉠ $37÷7=\boxed{}\cdots\boxed{}$ ㉡ $31÷4=\boxed{}\cdots\boxed{}$

나머지는 ㉠이 $\boxed{}$, ㉡이 $\boxed{}$이므로 더 큰 것은 $\boxed{}$입니다.

답 _____

대표유형 ❸

연필 36자루를 학생 한 명에게 5자루씩 나누어 주려고 합니다. 몇 명에게 나누어 줄 수 있고, 몇 자루가 남을까요?

풀이

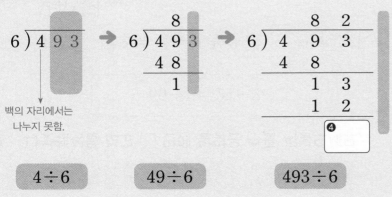

연필 36자루를 학생 한 명에게 5자루씩 나누어 주면 $\boxed{}÷5=\boxed{}\cdots\boxed{}$이므로 $\boxed{}$명에게 줄 수 있고, $\boxed{}$자루가 남습니다.

답 _____, _____

대표유형 ❹

나눗셈을 하고 맞게 계산했는지 확인해 보세요.

$92÷7=\boxed{}\cdots\boxed{}$

확인 $\boxed{}×\boxed{}=91$ ➡ $91+\boxed{}=92$

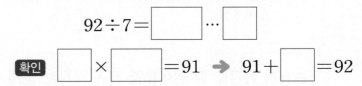

풀이

나누는 수 $\boxed{}$과 몫 $\boxed{}$의 곱에 나머지 $\boxed{}$을 더하면 나누어지는 수 92가 됩니다.

1 □ 안에 알맞은 수를 써넣으세요.

$$6 \div 2 = \boxed{} \;\Rightarrow\; 60 \div 2 = \boxed{}$$

2 나눗셈식을 보고 □ 안에 알맞은 수를 써넣으세요.

$$65 \div 3 = 21 \cdots 2$$

65를 □ 으로 나누면 몫은 □ 이고 2가 남습니다.

이때 □ 을/를 65÷3의 나머지라고 합니다.

3 계산해 보세요.

(1) $6 \overline{)954}$ (2) $5 \overline{)782}$

4 다음 나눗셈에서 나머지가 될 수 없는 수는 어느 것일까요? ·························· (   )

$$\boxed{} \div 9$$

① 1   ② 3   ③ 5   ④ 7   ⑤ 9

5 나눗셈을 하고 맞게 계산했는지 확인해 보세요.

$$7 \overline{)81}$$

확인 $\boxed{} \times \boxed{} = 77 \Rightarrow 77 + \boxed{} = \boxed{}$

6 잘못 계산한 곳을 찾아 바르게 계산해 보세요.

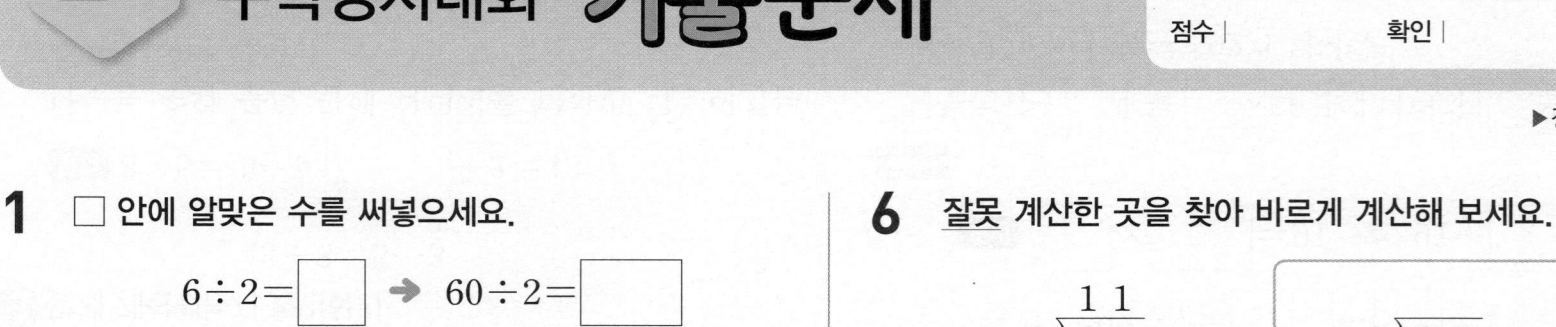

$$\begin{array}{r} 1\,1 \\ 8 \overline{)97} \\ 8 \\ \hline 17 \\ 8 \\ \hline 9 \end{array} \;\Rightarrow\; 8 \overline{)97}$$

7 빈칸에 알맞은 수를 써넣으세요.

$$84 \xrightarrow{\div 3} \boxed{}$$

8 □ 안에 알맞은 수를 써넣으세요.

$$\boxed{} \div 4 = 13 \cdots 2$$

9 몫이 더 작은 것의 기호를 쓰세요.

$$\boxed{\;\ominus\; 90 \div 6 \qquad \bigcirc\; 70 \div 5\;}$$

(   )

10 클립 345개를 상자 5개에 똑같이 나누어 담으려고 합니다. 한 상자에 몇 개씩 담을 수 있을까요?

(   )

11 다음 중 6으로 나누었을 때 나누어떨어지는 수는 어느 것일까요? ·········· (   )

① 55   ② 64   ③ 74

④ 84   ⑤ 92

12 가장 큰 수를 가장 작은 수로 나누었을 때의 몫을 구하세요.

80	57	5

(   )

13 나머지가 더 큰 것에 ○표 하세요.

$250 \div 6$	$285 \div 9$

14 학생 94명을 한 줄에 8명씩 앞에서부터 세우려고 합니다. 마지막 줄에는 몇 명이 서게 될까요?

(   )

15 색종이 410장을 4명에게 똑같이 나누어 주려고 합니다. 한 명에게 색종이를 몇 장씩 줄 수 있고, 몇 장이 남는지 차례로 쓰세요.

식 _____

답 _____ , _____

16 (몇십몇)÷(몇)의 나눗셈을 하고 맞게 계산했는지 확인한 식이 보기와 같습니다. 계산한 나눗셈식을 쓰고 몫과 나머지를 구하세요.

┤보기├
$$4 \times 18 = 72 \Rightarrow 72 + 3 = 75$$

식 _____

몫 _____

나머지 _____

문제 해결

17 어떤 수를 5로 나누었더니 몫이 12, 나머지가 4가 되었습니다. 어떤 수는 얼마일까요?

(   )

18 ㉠, ㉡, ㉢에 알맞은 수의 합을 구하세요.

- $69 \div 3 = ㉠$
- $87 \div 7 = ㉡ \cdots ㉢$

(   )

19 다음은 두 자리 수를 7로 나눈 것입니다. 나누어떨어지도록 □ 안에 알맞은 수를 구하세요.

$$8\boxed{} \div 7$$

(   )

20 길이가 92 cm인 철사로 한 변이 2 cm인 정사각형을 몇 개까지 만들 수 있을까요?

(   )

▶정답은 4쪽

3. 원

1 원의 중심, 반지름, 지름 알아보기
누름 못이 꽂힌 점에서 원 위의 한 점까지의 길이는 모두 같습니다.

- **원의 중심**: 원을 그릴 때에 누름 못이 꽂혔던 점 ㅇ
- **원의 반지름**: 원의 중심 ㅇ과 원 위의 한 점을 이은 선분 ➡ 선분 ㅇㄱ, 선분 **❶** ☐
- **원의 지름**: 원 위의 두 점을 이은 선분이 원의 중심 ㅇ을 지나는 선분 ➡ 선분 **❷** ☐

2 원의 성질 알아보기
- 지름은 원을 똑같이 둘로 나눕니다.
- 지름은 원 안에 그을 수 있는 가장 긴 선분입니다.
- 지름은 무수히 많이 그을 수 있습니다.
- 한 원에서 지름의 길이는 반지름의 길이의 **❸** ☐ 배입니다.

> (원의 지름)=(원의 반지름)×2

3 컴퍼스를 이용하여 원 그리기
① 원의 중심이 되는 점 ㅇ을 정합니다.
② 컴퍼스를 원의 **❹** ☐ 만큼 벌립니다.
③ 컴퍼스의 침을 점 ㅇ에 꽂고 원을 그립니다.

4 원을 이용하여 여러 가지 모양 그리기
- 규칙을 찾아 원 그리기

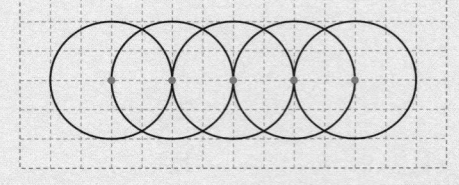

정사각형의 각 변의 한가운데를 원의 중심으로 하는 원의 일부분을 4개 그립니다.

- 여러 가지 모양을 똑같이 그리기

원의 반지름은 변하지 않고 원의 중심은 반지름만큼 오른쪽으로 모눈 **❺** ☐ 칸씩 이동하였습니다.

대표유형 ❶

오른쪽 원의 반지름은 몇 cm일까요?

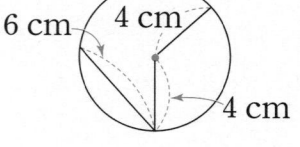

풀이

원의 중심과 원 위의 한 점을 이은 선분은 ☐ cm입니다.

답 ＿＿＿＿＿＿＿＿

대표유형 ❷

오른쪽 원의 지름은 몇 cm일까요?

풀이

(원의 지름)=(원의 ☐)×2

　　　　　= ☐ ×2= ☐ (cm)

답 ＿＿＿＿＿＿＿＿

대표유형 ❸

오른쪽 그림은 정사각형 안에 꼭맞게 원을 그린 것입니다. 원의 반지름은 몇 cm일까요?

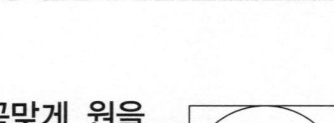

풀이

정사각형의 가로는 원의 지름의 길이와 같으므로 원의 반지름은 12÷ ☐ = ☐ (cm)입니다.

답 ＿＿＿＿＿＿＿＿

대표유형 ❹

규칙에 따라 원을 1개 더 그려 보세요.

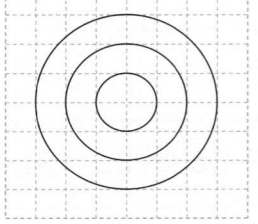

풀이

원의 중심은 (이동하고, 같고), 원의 반지름은 모눈 ☐ 칸씩 늘어나는 규칙입니다.

▶정답은 4쪽

1 □ 안에 알맞은 수를 써넣으세요.

한 원에는 원의 중심이 □ 개 있습니다.

2 오른쪽 원의 지름은 몇 cm일까요?

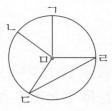

5 cm
11 cm

(   )

3 점 ㅇ은 원의 중심입니다. 원 안에 그을 수 있는 가장 긴 선분은 몇 cm일까요?

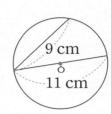

9 cm
11 cm

(   )

4 반지름이 3 cm인 원을 그리려고 합니다. 컴퍼스를 바르게 벌린 것을 찾아 기호를 쓰세요.

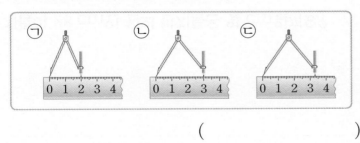

(   )

5 주어진 모양을 그리기 위하여 컴퍼스의 침을 꽂아야 할 곳을 모두 찾아 · 으로 표시해 보세요.

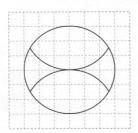

6 오른쪽 원에서 점 ㅁ은 원의 중심입니다. 반지름이 <u>아닌</u> 선분을 하나 찾아 쓰세요.

(   )

7 오른쪽과 같은 모양을 그리려고 합니다. 컴퍼스의 침을 꽂아야 할 곳은 몇 군데일까요?

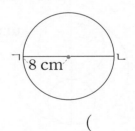

(   )

8 선분 ㄱㄴ은 몇 cm일까요?

ㄱ 8 cm ㄴ

(   )

9 지름이 12 cm인 원을 그리려고 합니다. 컴퍼스를 몇 cm만큼 벌려야 할까요?

(   )

10 규칙에 따라 원 1개를 더 그려 보세요.

추론

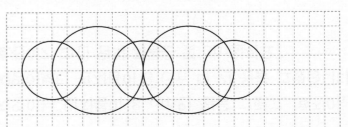

11 오른쪽 모양에 대한 규칙에 맞게 □ 안에 알맞은 수를 써넣으세요.

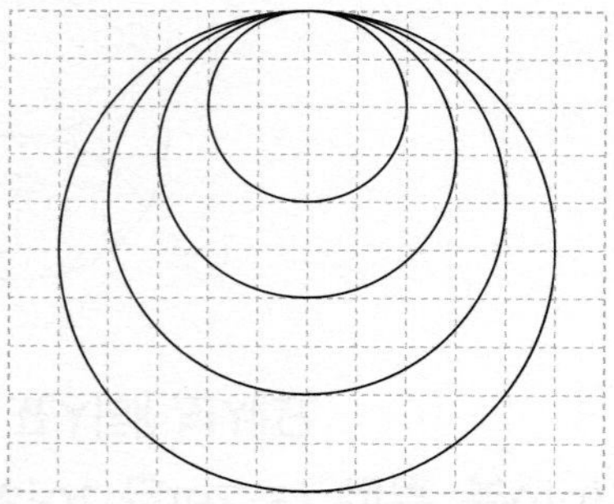

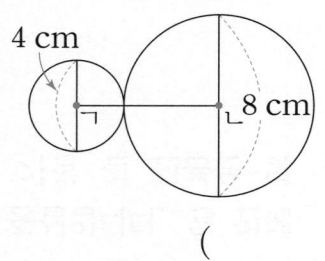

원의 중심이 아래쪽으로 모눈 □ 칸씩 이동하고, 원의 반지름이 모눈 2칸, 3칸, 4칸, 5칸으로 모눈 □ 칸씩 늘어나는 규칙입니다.

12 지름이 28 cm인 원의 반지름은 몇 cm일까요?

( )

13 선분 ㄱㄴ의 길이는 몇 cm일까요?

4 cm

8 cm

( )

14 오른쪽 그림과 같이 큰 원 안에 크기가 같은 작은 원 2개를 그렸습니다. 큰 원의 지름은 몇 cm일까요?

6 cm

( )

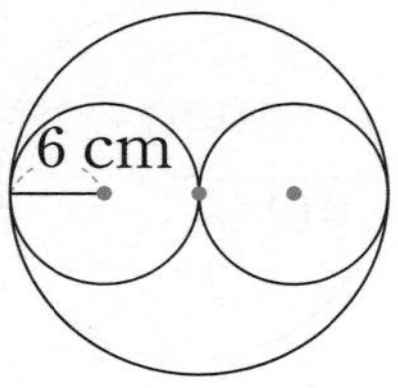

15 가장 큰 원을 찾아 기호를 쓰세요.

> ㉠ 지름이 43 cm인 원
> ㉡ 반지름이 22 cm인 원
> ㉢ 지름이 41 cm인 원

( )

16 지영이는 반지름이 8 cm인 원을 그렸고, 효진이는 지영이보다 반지름이 3 cm 더 긴 원을 그렸습니다. 효진이가 그린 원의 지름은 몇 cm일까요?

( )

17 점 ㄱ과 점 ㄷ은 원의 중심입니다. 사각형 ㄱㄴㄷㄹ의 네 변의 길이의 합은 몇 cm일까요?

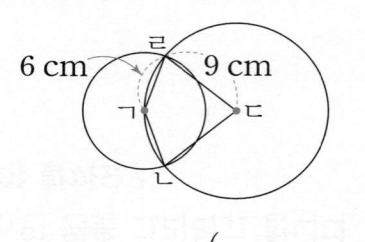

6 cm 9 cm

( )

18 세 점은 각각 원의 중심입니다. 가장 큰 원의 반지름은 몇 cm일까요?

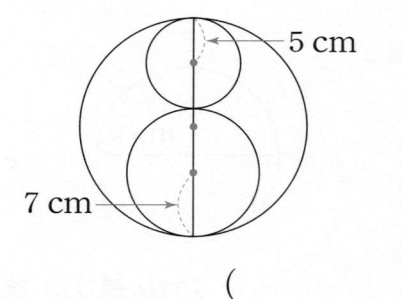

5 cm

7 cm

( )

19 크기가 같은 원 6개를 이용하여 다음과 같은 모양을 그렸습니다. 선분 ㄱㄴ의 길이가 63 cm일 때 한 원의 반지름은 몇 cm일까요?

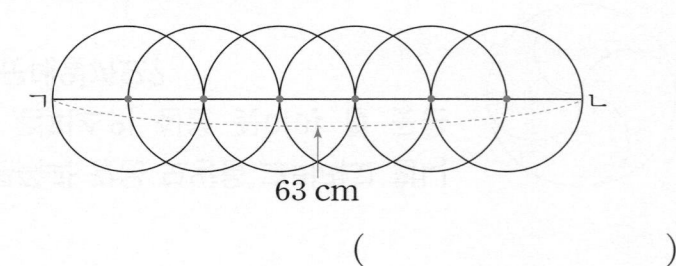

63 cm

( )

20 크기가 같은 원 2개를 이용하여 그림과 같이 삼각형을 그렸습니다. 점 ㄱ과 점 ㄴ은 원의 중심이고 삼각형 ㄷㄱㄴ의 세 변의 길이의 합이 15 cm일 때 선분 ㄱㄹ의 길이는 몇 cm일까요?

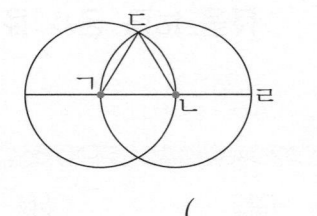

( )

[3단원]
1 원의 중심을 찾아 기호를 쓰세요. 2점

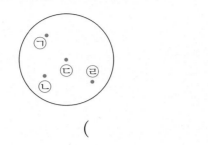

( )

[1단원]
2 □ 안에 알맞은 수를 써넣으세요. 2점

$$105 + 105 + 105 + 105 + 105$$

$$= 105 \times \boxed{}$$

$$= \boxed{}$$

[1단원]
3 다음 곱셈식을 계산할 때 $8 \times 3 = 24$에서 4는 어느 자리에 써야 하는지 기호를 쓰세요. 2점

$$\begin{array}{r} 8\ 0 \\ \times\ 3\ 0 \\ \hline ㉠㉡㉢㉣ \end{array}$$

( )

[1단원]
4 □ 안에 알맞은 수를 써넣으세요. 2점

$$\begin{array}{r} 2\ 7\ 3 \\ \times\qquad 4 \\ \hline \boxed{} \end{array}$$

[2단원]
5 나눗셈의 몫과 나머지를 각각 구하세요. 3점

$$\boxed{389 \div 4}$$

몫 ( )
나머지 ( )

[3단원]
6 원의 지름은 몇 cm일까요? 3점

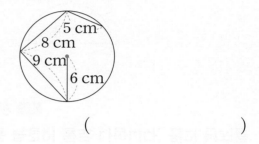

( )

[2단원]
7 나눗셈을 하고 맞게 계산했는지 확인해 보세요. 3점

$$3\,)\,\overline{7\ 6}$$

확인 $3 \times \boxed{} = \boxed{}$

→ $\boxed{} + \boxed{} = \boxed{}$

[2단원]
8 몫의 크기를 비교하여 ○ 안에 >, <를 알맞게 써넣으세요. 3점

$$30\ \bigcirc\ 96 \div 4$$

[1단원]

9 한 상자에 7개씩 들어 있는 초콜릿이 28상자 있습니다. 초콜릿은 모두 몇 개일까요? 3점

( )

[1단원]

10 잘못된 부분을 찾아서 바르게 계산해 보세요. 3점

$$
\begin{array}{r}
7\,6 \\
\times\,5\,3 \\
\hline
2\,2\,8 \\
3\,8\,0 \\
\hline
6\,0\,8
\end{array}
$$
→
$$
\begin{array}{r}
7\,6 \\
\times\,5\,3 \\
\hline
\end{array}
$$

[1단원]

11 계산 결과가 더 큰 것에 ○표 하세요. 3점

$$49 \times 60 \qquad 83 \times 45$$

[2단원]

12 학생 87명이 짝짓기 놀이를 하고 있습니다. 한 모둠에 6명씩 짝짓기를 하면 몇 모둠을 만들 수 있고, 몇 명이 남을까요? 3점

( ), ( )

[3단원]

13 다음 원 모양의 접시 중 더 작은 접시의 기호를 쓰세요. 3점

> ㉠ 지름이 17 cm인 접시
> ㉡ 반지름이 8 cm인 접시

( )

[1단원]

14 학생 한 명에게 색종이를 19장씩 나누어 주려고 합니다. 학생 30명에게 나누어 주려면 색종이는 모두 몇 장 필요할까요? 3점

( )

[3단원]

15 선분 ㄱㄴ은 원을 똑같이 둘로 나눕니다. 원의 반지름은 몇 cm일까요? 3점

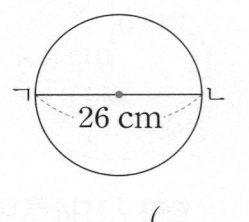

( )

[3단원]

16 원의 중심은 같고 반지름을 모눈 1칸씩 늘려 가며 그린 모양을 찾아 기호를 쓰세요. 3점

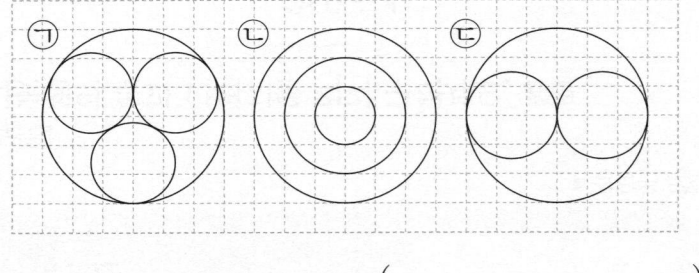

( )

[2단원]

17 나머지가 다른 하나를 찾아 기호를 쓰세요. 4점

> ⊙ $76 \div 9$ ⓛ $52 \div 7$ ⓒ $60 \div 8$

(   )

[2단원]

18 전체가 128쪽인 동화책을 매일 7쪽씩 읽으려고 합니다. 이 동화책을 모두 읽으려면 며칠이 걸릴까요? 4점

(   )

[1단원]   서술형

19 어떤 수에 68을 곱해야 할 것을 잘못하여 더했더니 144가 되었습니다. 바르게 계산하면 얼마인지 풀이 과정을 쓰고 답을 구하세요. 4점

풀이 _____

_____

_____

_____

답 _____

[2단원]

20 영민이가 공원을 7바퀴 걷는 데 1시간 38분이 걸렸습니다. 영민이가 일정한 빠르기로 걷는다고 할 때 공원을 한 바퀴 걷는 데 몇 분이 걸린 셈일까요? 4점

(   )

[2단원]   서술형

21 사과를 지호는 39개, 민지는 35개, 영진이는 28개 땄습니다. 딴 사과를 세 사람이 똑같이 나누어 가질 때 한 사람이 갖게 되는 사과는 몇 개인지 풀이 과정을 쓰고 답을 구하세요. 4점

풀이 _____

_____

_____

답 _____

[1단원]

22 ☐ 안에 들어갈 수 있는 수 중에서 가장 작은 수를 구하세요. 4점

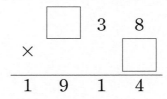

(   )

[1단원]   추론

23 ☐ 안에 알맞은 수를 써넣으세요. 4점

$$
\begin{array}{r}
\boxed{}\;3\;8 \\
\times\qquad\boxed{} \\
\hline
1\;9\;1\;4
\end{array}
$$

[3단원]

24 그림과 같이 크기가 같은 원 3개를 붙여 놓고, 세 원의 중심을 이어 삼각형을 만들었습니다. 삼각형의 세 변의 길이의 합이 54 cm일 때 한 원의 반지름은 몇 cm일까요? 4점

(   )

[3단원]

25 점 ㄴ과 점 ㄷ을 원의 중심으로 하여 그림과 같이 크기가 다른 원 2개를 그렸습니다. 사각형 ㄱㄴㄷㄹ의 네 변의 길이의 합은 몇 cm일까요? 4점

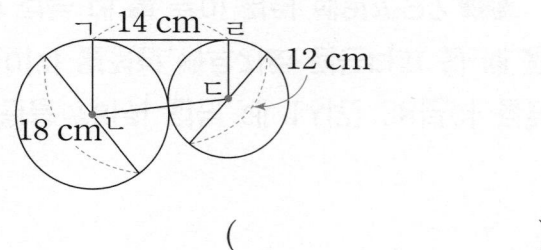

(   )

[3단원]

26 점 ㄴ과 점 ㄹ은 원의 중심입니다. 사각형 ㄱㄴㄷㄹ의 네 변의 길이의 합이 44 cm일 때 작은 원의 반지름은 몇 cm일까요? 4점

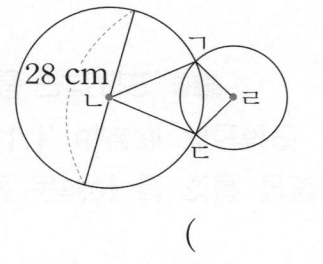

(   )

[3단원]

27 원 2개의 크기가 같고, 점 ㄱ은 원의 중심입니다. 선분 ㄴㄷ의 길이가 14 cm일 때 삼각형 ㄱㄴㄷ의 세 변의 길이의 합은 몇 cm일까요? 4점

(   )

[3단원]

28 직사각형 안에 크기가 같은 원 3개를 그렸습니다. 직사각형의 네 변의 길이의 합은 몇 cm일까요? 4점

(   )

[2단원]   문제 해결

29 수 카드 7, 2, 6, 5 중에서 3장을 골라 한 번씩만 사용하여 (몇십몇)÷(몇)의 나눗셈식을 만들려고 합니다. 몫이 가장 큰 나눗셈식을 만들고 몫을 구하세요. 4점

□□ ÷ □

몫 (   )

[2단원]

30 어떤 두 자리 수를 8로 나누었더니 몫은 두 자리 수이고 나머지는 6이었습니다. 어떤 수가 될 수 있는 수를 모두 구하세요. 4점

(   )

단원 모의고사 1. 곱셈 ~ 3. 원

점수 |

▶정답은 7쪽

[1단원]
1 28×16을 계산하려고 합니다. □ 안에 알맞은 수를 써넣으세요. 2점

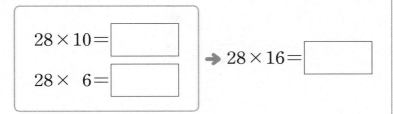

$28 \times 10 = \boxed{}$

$28 \times \ 6 = \boxed{}$

➡ $28 \times 16 = \boxed{}$

[2단원]
2 □ 안에 알맞은 수를 써넣으세요. 2점

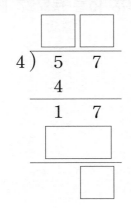

[1단원]
3 덧셈식을 곱셈식으로 나타내고 답을 구하세요. 2점

$$758 + 758 + 758 + 758 + 758 + 758$$

$758 \times \boxed{} = \boxed{}$

[2단원]
4 빈칸에 알맞은 수를 써넣으세요. 2점

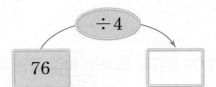

[3단원]
5 □ 안에 알맞은 수를 써넣으세요. 3점

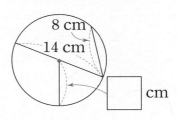

8 cm

14 cm

$\boxed{}$ cm

[2단원]
6 관계 있는 것끼리 선으로 이어 보세요. 3점

| $70 \div 7$ | · | · | 3×19 |
| $57 \div 3$ | · | · | 7×10 |

[3단원]
7 원에 대한 설명으로 옳은 것을 모두 찾아 기호를 쓰세요. 3점

㉠ 원 위의 선분 중 가장 긴 선분은 원의 반지름입니다.
㉡ 한 원에서 원의 지름의 길이는 모두 같습니다.
㉢ 한 원에서 원의 중심은 1개입니다.

( )

[2단원]
8 7로 나누어떨어지는 수가 아닌 것을 모두 찾아 쓰세요. 3점

| 38 | 42 | 56 | 60 |

( )

[2단원]

9 잘못 계산한 곳을 찾아 바르게 계산해 보세요. 3점

$$
\begin{array}{r}
2\,1 \\
3\,\overline{)8\,5} \\
6 \\
\hline
5 \\
3 \\
\hline
2
\end{array}
$$

→

$$3\,\overline{)8\,5}$$

[1단원]

10 다음이 나타내는 수를 구하세요. 3점

6의 34배

( )

[1단원]

11 참외가 한 상자에 25개씩 들어 있습니다. 30상자에 들어 있는 참외는 모두 몇 개인지 식을 쓰고 답을 구하세요. 3점

식 ☐ × ☐ = ☐

답 _____

[2단원]

12 개미 한 마리의 다리는 6개입니다. 개미의 다리가 모두 114개일 때 개미는 모두 몇 마리일까요? 3점

( )

[3단원]

13 점 ㄱ과 점 ㄴ은 원의 중심입니다. 큰 원의 반지름은 몇 cm일까요? 3점

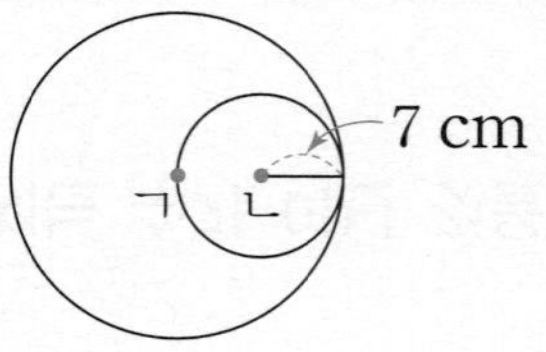

7 cm

( )

[1단원]

14 계산 결과를 비교하여 ○ 안에 >, =, <를 알맞게 써넣으세요. 3점

$$33 \times 52 \bigcirc 1620$$

[3단원]

15 다음과 같은 모양을 그리기 위하여 컴퍼스의 침을 꽂아야 하는 곳은 몇 군데일까요? 3점

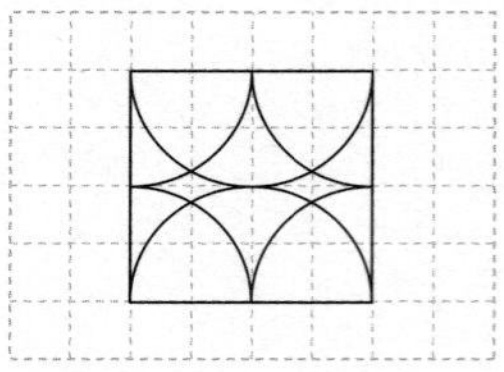

( )

[3단원] 서술형

16 규칙에 따라 원을 1개 더 그려 보고, 어떤 규칙이 있는지 쓰세요. 3점

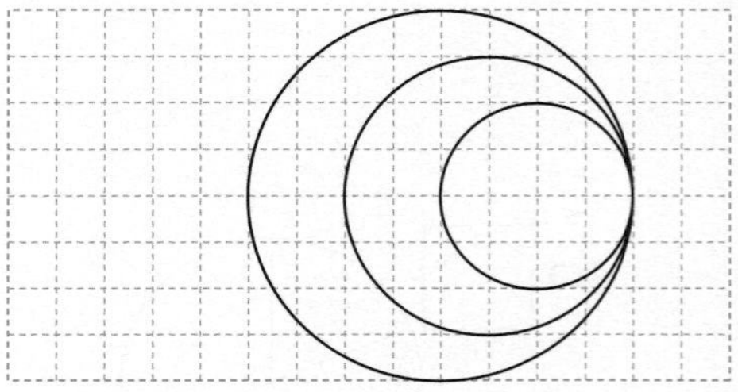

규칙 _____

_____

_____

[2단원]

17 9로 나누는 나눗셈식에서 나머지가 될 수 있는 가장 큰 수를 구하세요. 4점

(   )

[1단원]

18 곱이 가장 큰 것을 찾아 기호를 쓰세요. 4점

> ㉠ 23×40 ㉡ 57×10 ㉢ 46×30

(   )

[3단원]

19 점 ㄴ, 점 ㄷ, 점 ㄹ이 원의 중심일 때 선분 ㄱㅁ의 길이는 몇 cm일까요? 4점

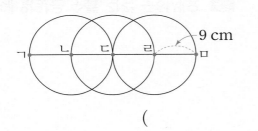

(   )

[1단원]

20 재용이는 400쪽짜리 책을 하루에 114쪽씩 3일 동안 읽었습니다. 4일 동안 책을 모두 읽으려면 마지막 날에는 몇 쪽을 읽어야 할까요? 4점

(   )

[1단원]   추론

21 □ 안에 알맞은 수를 써넣으세요. 4점

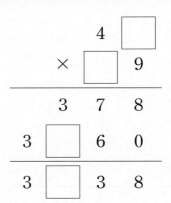

[2단원]

22 한 상자에 4개씩 들어 있는 망고 36상자를 다시 포장하려고 합니다. 한 상자에 6개씩 넣어 포장하면 몇 상자가 될까요? 4점

(   )

[3단원]

23 두 원의 중심이 같습니다. 작은 원의 반지름이 4 cm일 때 큰 원의 지름은 몇 cm일까요? 4점

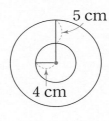

(   )

[1단원]

24 1부터 9까지의 수 중에서 □ 안에 들어갈 수 있는 수를 모두 구하세요. 4점

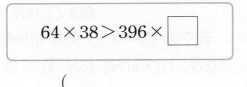

$$64 \times 38 > 396 \times \boxed{}$$

(   )

[3단원]

25 다음과 같이 원의 중심은 같고 반지름이 3 cm씩 커지는 규칙으로 원을 그리려고 합니다. 원을 5개 그렸을 때 가장 큰 원의 지름은 몇 cm일까요? 4점

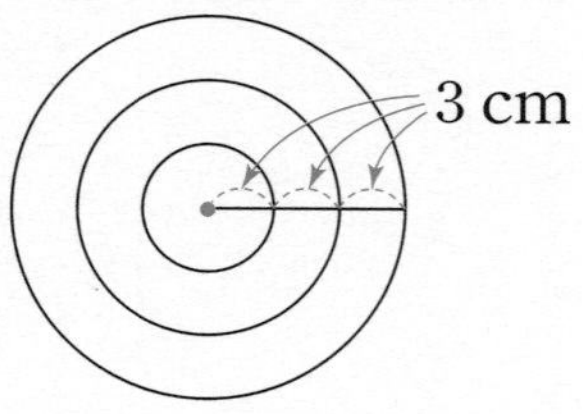

(   )

[2단원]   추론

26 ㉠과 ㉡에 알맞은 수를 각각 구하세요. 4점

$$85 \div ㉠ = 12 \cdots ㉡$$

㉠ (   )

㉡ (   )

[1단원]   서술형

27 시루떡 한 개를 만드는 데 쌀가루가 3봉지 사용됩니다. 시루떡을 한 바구니에 29개씩 담아 34바구니를 만들었을 때 사용한 쌀가루는 모두 몇 봉지인지 풀이 과정을 쓰고 답을 구하세요. 4점

풀이 _____

_____

_____

답 _____

[3단원]

28 점 ㄴ과 점 ㄷ은 원의 중심입니다. 삼각형 ㄱㄴㄷ의 세 변의 길이의 합이 60 cm일 때 선분 ㄱㄷ의 길이는 몇 cm일까요? 4점

(   )

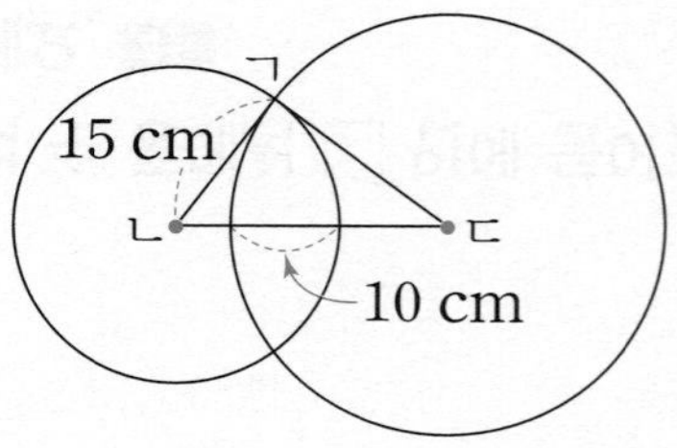

[2단원]

29 어떤 수를 8로 나누었더니 몫이 15가 되었습니다. 어떤 수가 될 수 있는 수 중 가장 큰 수를 구하세요. 4점

(   )

[3단원]

30 규칙에 따라 원을 20개 그렸습니다. 선분 ㄱㄴ의 길이는 몇 cm일까요? 4점

(   )

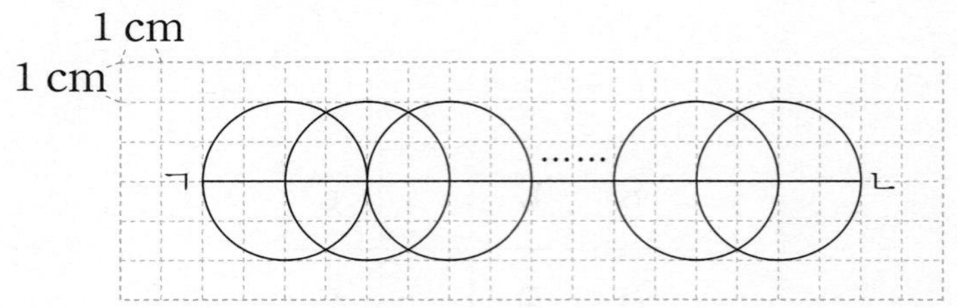

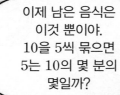

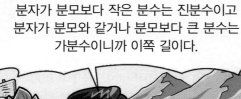

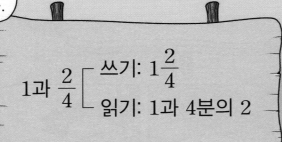

배고프면 물이라도 마셔라.

병에 이상한 게 적혀있네.

1 L

그건 들이의 단위야.

들이?

들이의 단위에는 리터와 밀리리터 등이 있고 다음과 같이 써.

쓰기 ⌈ 1 리터: 1 L
      ⌊ 1 밀리리터: 1 mL

내 물병에는 500 mL라고 적혀있는데 1 L보다 500 mL 더 많은 들이는 얼마지?

500 mL

1 리터는 1000 밀리리터와 같다는 것을 이용하면 구할 수 있지. 1 L 500 mL는 1500 mL로 나타낼 수 있어.

$$1 \text{ L } 500 \text{ mL} = 1 \text{ L} + 500 \text{ mL}$$
$$= 1000 \text{ mL} + 500 \text{ mL}$$
$$= 1500 \text{ mL}$$

들이의 합을 구하는 방법도 알아볼까? L는 L끼리, mL는 mL끼리 계산해.

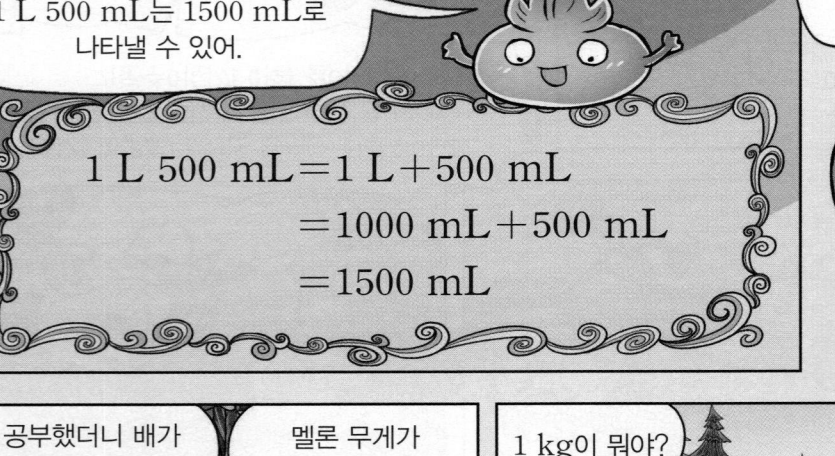

	1 L	500 mL
+	1 L	400 mL
	2 L	900 mL

공부했더니 배가 고프네. 멜론 먹자!

멜론 무게가 1 kg이네.

1 kg

1 kg이 뭐야?

아~ 그건 무게의 단위야.

1 킬로그램: 1 kg
1 그램: 1 g

내가 가져온 수박은 1 kg 500 g이야.

1 kg 500 g

멜론과 수박의 무게의 합을 구해 볼까? kg은 kg끼리, g은 g끼리 더하면 두 과일의 무게의 합은 2 kg 500 g이군.

	1 kg	
+	1 kg	500 g
	2 kg	500 g

무게의 차를 구할 때는 kg은 kg끼리, g은 g끼리 빼. 2 kg 500 g − 1 kg 500 g = 1 kg이야.

	2 kg	500 g
−	1 kg	500 g
	1 kg	

야! 나는 안 줄 거야?

너 줄 것 없어!

울프님이 탈출한 뒤 파괴한 건물들이다. 으하하

울프가 파괴한 도시별 건물 수

도시	서울	부산	대구	합계
건물 수 (채)	24	5	14	43

이렇게 그림그래프로 그리면 한눈에 비교하기 좋아.

우와~ 어떻게 그리는 거야?

울프가 파괴한 도시별 건물 수

도시	건물 수
서울	
부산	
대구	

10채
1채

그림을 몇 가지로 나타낼 것인지 정한 후 자료를 어떤 그림으로 나타낼 것인지 정해.

아하! 조사한 수에 맞도록 그림을 그리고 그림에 알맞은 제목을 붙이면 되는구나.

그래~ 맞아.

그럼 어느 도시의 건물을 가장 많이 파괴한거야?

큰 그림의 수를 비교하면 되지 않을까?

큰 그림의 수?

잘 봐~ 큰 그림이 서울에는 2개, 부산에는 0개, 대구에는 1개 있지?

오~ 그러네.

울프가 파괴한 도시별 건물 수

도시	건물 수
서울	
부산	
대구	

10채
1채

그러니까 큰 그림의 수를 비교해 보면 이렇게 되는 거지.

큰 그림의 수가 서울(2개) > 대구(1개) > 부산(0개)이므로 울프가 파괴한 건물 수가 가장 많은 도시는 서울입니다.

이런 것도 알 수 있겠네.

오호~ 잘 찾았구먼.

• 파괴한 건물 수가 가장 적은 도시는 부산입니다.
• 대구는 부산보다 건물이 더 많이 파괴되었습니다.

오~ 대단한데? 그러면 울프는 늑대 울음소리도 잘 낼 수 있니?

푸하하하~ 당연히 잘하지. 나는 늑대이니까 아우우우우~〜〜

바보~ 그거 널 봉인시키는 주문인데 벌써 잊었냐?

으아아악~ 또 속다니!

다시 갇히게 되었네. 하하.

쑤욱

▶정답은 9쪽

4. 분수

❶ 분수로 나타내기

색칠한 부분을 분수로 나타내기

색칠한 부분은 4묶음 중에서 2묶음이므로 전체의

$\dfrac{\boxed{❶}}{4}$입니다.

❷ 분수만큼은 얼마인지 알아보기(1) → 개수

10의 $\dfrac{2}{5}$ 알아보기

10의 $\dfrac{1}{5}$은 2 ➡ 10의 $\dfrac{2}{5}$은 $\boxed{❷}$

❸ 분수만큼은 얼마인지 알아보기(2) → 길이

길이에서 부분을 분수로 나타내기

0　1　2　3　4　5　6 (cm)

6 cm의 $\dfrac{1}{3}$은 $\boxed{❸}$ cm입니다.

❹ 여러 가지 분수 알아보기

- 진분수: 분자가 분모보다 작은 분수 → $\dfrac{1}{4}, \dfrac{2}{4}, \dfrac{3}{4}$
- 가분수: 분자가 분모와 같거나 분모보다 $\boxed{❹}$ 분수 → $\dfrac{4}{4}, \dfrac{5}{4}, \dfrac{6}{4}$
- 자연수: 1, 2, 3과 같은 수
- 대분수: 자연수와 진분수로 이루어진 분수 → $1\dfrac{1}{4}$

❺ 분모가 같은 분수의 크기 비교

예) $1\dfrac{3}{7}$과 $\dfrac{11}{7}$의 크기 비교

[방법 1] 대분수를 가분수로 나타내기

$1\dfrac{3}{7}$을 가분수로 나타내면 $\dfrac{10}{7}$입니다.

$\dfrac{10}{7} < \dfrac{11}{7}$ ➡ $1\dfrac{3}{7}$ $\boxed{❺}$ $\dfrac{11}{7}$

[방법 2] 가분수를 대분수로 나타내기

$\dfrac{11}{7}$을 대분수로 나타내면 $1\dfrac{4}{7}$입니다.

$1\dfrac{3}{7} < 1\dfrac{4}{7}$ ➡ $1\dfrac{3}{7} < \dfrac{11}{7}$

정답: ❶ 2　　❷ 4　　❸ 2　　❹ 큰　　❺ <

대표유형 ❶

㉠과 ㉡에 각각 알맞은 수를 구하세요.

12의 $\dfrac{1}{3}$은 $\boxed{㉠}$이고, 12의 $\dfrac{2}{3}$는 $\boxed{㉡}$입니다.

풀이

12개를 똑같이 3묶음으로 나누면 1묶음은 $\boxed{}$개이고 2묶음은 $\boxed{}$개입니다.

12의 $\dfrac{1}{3}$은 $\boxed{}$이고, 12의 $\dfrac{2}{3}$는 $\boxed{}$입니다.

답 ㉠: ＿＿＿＿＿＿＿, ㉡: ＿＿＿＿＿＿＿

대표유형 ❷

가분수는 모두 몇 개인지 구하세요.

$$\dfrac{3}{4}, \ \dfrac{5}{5}, \ \dfrac{1}{3}, \ \dfrac{12}{8}$$

풀이

분자가 분모와 같은 분수는 $\boxed{}$이고, 분자가 분모보다

큰 분수는 $\boxed{}$입니다.

따라서 가분수는 모두 $\boxed{}$개입니다.

답 ＿＿＿＿＿＿＿

대표유형 ❸

두 분수 중 더 큰 분수의 기호를 쓰세요.

$$㉠ \ 1\dfrac{5}{9} \qquad ㉡ \ \dfrac{11}{9}$$

풀이

㉠ $1\dfrac{5}{9}$를 가분수로 나타내면 $\boxed{}$이므로

$\dfrac{14}{9}$ $\bigcirc$ $\dfrac{11}{9}$입니다. 따라서 더 큰 분수는 $\boxed{}$입니다.

답 ＿＿＿＿＿＿＿

▶정답은 9쪽

1 그림을 보고 □ 안에 알맞은 수를 써넣으세요.

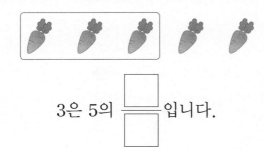

3은 5의 □/□ 입니다.

2 □ 안에 알맞은 수를 써넣으세요.

(1) 16의 $\frac{1}{4}$은 □   (2) 30의 $\frac{5}{6}$는 □

[3~4] 8은 24의 얼마인지 알아보려고 합니다. 물음에 답하세요.

3 8개씩 묶은 것을 보고 □ 안에 알맞은 수를 써넣으세요.

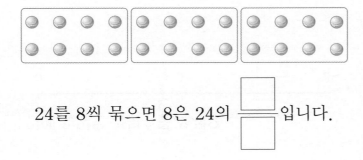

24를 8씩 묶으면 8은 24의 □/□ 입니다.

4 4개씩 묶은 것을 보고 □ 안에 알맞은 수를 써넣으세요.

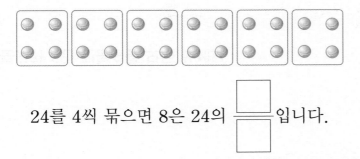

24를 4씩 묶으면 8은 24의 □/□ 입니다.

5 주어진 진분수만큼 색칠해 보세요.

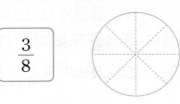

$\frac{3}{8}$

6 □ 안에 알맞은 분수를 써넣으세요.

(1) 10은 9의 □ 입니다.

(2) 15는 11의 □ 입니다.

7 수직선을 보고 가와 나에 알맞은 진분수와 가분수를 각각 쓰세요.

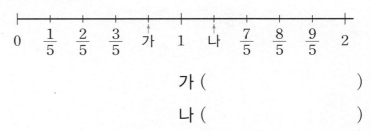

가 (   )

나 (   )

8 보기를 보고 오른쪽 그림을 대분수로 나타내어 보세요.

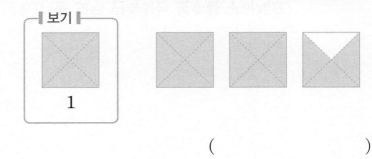

(   )

9 그림을 보고 □ 안에 알맞은 수를 써넣으세요.

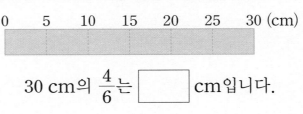

30 cm의 $\frac{4}{6}$는 □ cm입니다.

10 지은이네 아파트의 주민은 48명입니다. 주민 전체의 $\frac{5}{6}$가 투표를 했습니다. 투표를 한 주민은 몇 명인지 구하세요.

(   )

11 리본을 경아는 $\frac{11}{6}$ m 사용하였고, 도운이는 $1\frac{2}{6}$ m 사용하였습니다. 경아와 도운이 중 리본을 더 많이 사용한 사람은 누구인지 이름을 쓰세요.

( )

12 분모가 6인 진분수를 모두 쓰세요.

( )

13 □ 안에 알맞은 가분수를 쓰세요.

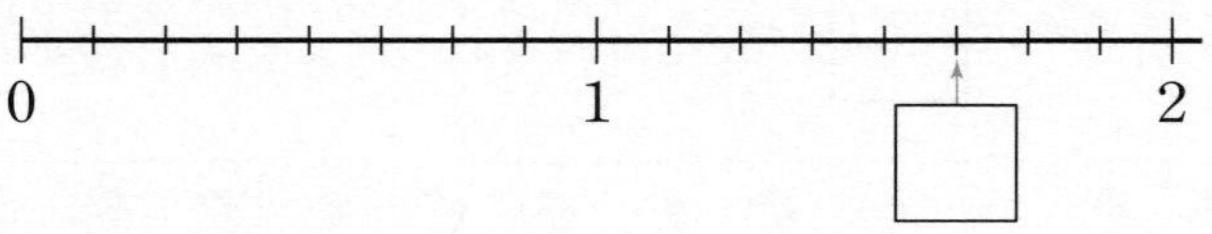

( )

14 수직선에서 ☆ 부분에 들어갈 수 있는 분수의 기호를 쓰세요.

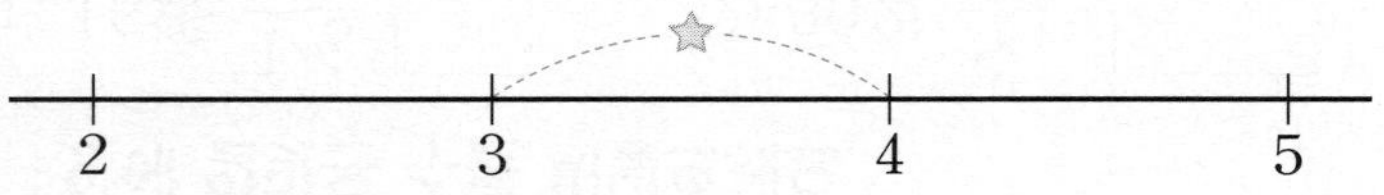

㉠ $\frac{23}{6}$ ㉡ $\frac{20}{7}$

( )

15 주연이는 하루의 $\frac{1}{6}$만큼 공부를 했습니다. 주연이가 공부를 한 시간은 몇 시간일까요?

( )

16 3장의 수 카드를 한 번씩만 모두 사용하여 가장 작은 대분수를 만들어 보세요.

5   2   9

( )

17 5보다 크고 8보다 작은 분수 중 분모가 7인 대분수는 모두 몇 개일까요?

( )

18 ▌조건▐을 모두 만족하는 분수를 구하세요.

┃조건┃
• 진분수입니다.
• 분모와 분자의 합은 11이고, 차는 1입니다.

( )

19 7과 8 사이에 있는 분수 중에서 분모가 11인 가장 큰 가분수를 구하세요.

( )

20 어떤 수의 $\frac{3}{7}$은 18입니다. 어떤 수의 $\frac{5}{6}$는 얼마일까요?

( )

▶정답은 11쪽

5. 들이와 무게

1 들이 비교하기

주전자와 물병에 물을 가득 채운 후 모양과 크기가 같은 컵에 각각 옮겨 담았습니다.

주전자   물병

➡ 컵의 수가 3<4이므로 [❶   ]의 들이가 더 많습니다.

2 들이의 단위

1 리터는 1 L, 1 밀리리터는 1 mL라고 씁니다.

1 L 1 mL   1 L=1000 mL

3 들이 어림하고 재기

들이를 어림하여 말할 때에는 약 ☐ L 또는 약 ☐ mL 라고 합니다.

4 들이의 덧셈과 뺄셈 → L는 L끼리, mL는 mL끼리 계산합니다.

```
    3 L    400    mL        3  L 400 mL
  +1 L    300    mL      −  1  L 300 mL
    4 L [❷        ] mL    [❸   ] L 100 mL
```

5 무게 비교하기

저울이나 바둑돌을 사용하여 두 물건의 무게를 비교할 수 있습니다.

6 무게의 단위

• 1 킬로그램은 1 kg, 1 그램은 1 g이라고 씁니다.

1 kg 1 g   1 kg=1000 g

• 1 톤은 1 t이라고 씁니다.

1 t   1 t=1000 kg

7 무게 어림하고 재기

어림한 무게를 말할 때에는 약 ☐ kg 또는 약 ☐ g이 라고 합니다.

8 무게의 덧셈과 뺄셈 → kg은 kg끼리, g은 g끼리 계산합니다.

```
    4   kg 600 g          4 kg      600    g
  + 3   kg 200 g        −3 kg      200    g
  [❹   ] kg 800 g         1 kg [❺        ] g
```

정답: ❶ 물병   ❷ 700   ❸ 2   ❹ 7   ❺ 400

대표유형 ❶

들이가 더 많은 것을 찾아 기호를 쓰세요.

> ㉠ 4500 mL   ㉡ 4 L 50 mL

풀이

㉠ 4500 mL

㉡ 4 L 50 mL = [   ] mL

따라서 들이가 더 많은 것은 [   ]입니다.

답 _____

대표유형 ❷

두 그릇의 들이의 차는 몇 L 몇 mL일까요?

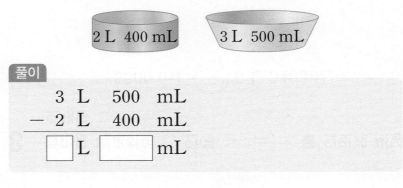

2 L 400 mL   3 L 500 mL

풀이

```
    3 L   500   mL
  − 2 L   400   mL
  [   ] L [      ] mL
```

답 _____

대표유형 ❸

승기의 책가방 무게는 3 kg 800 g이고 재호의 책가방 무게는 3500 g입니다. 누구의 책가방이 더 무거울까요?

풀이

3 kg 800 g = [   ] g이므로

3 kg 800 g ◯ 3500 g입니다.

따라서 [   ]의 책가방이 더 무겁습니다.

답 _____

대표유형 ❹

지수네 가족은 쌀 6 kg 700 g 중 2 kg 500 g을 먹었습니다. 남은 쌀은 몇 kg 몇 g일까요?

풀이

(남은 쌀의 무게)

= 6 kg 700 g − [   ] kg [   ] g

= [   ] kg [   ] g

답 _____

5회 수학경시대회 기출문제

5. 들이와 무게

점수 | 확인 |

▶정답은 11쪽

1 병 가와 나에 물을 가득 채운 후 모양과 크기가 같은 컵에 각각 옮겨 담은 것입니다. 가와 나 중에서 어느 병에 물이 더 많이 들어갈까요?

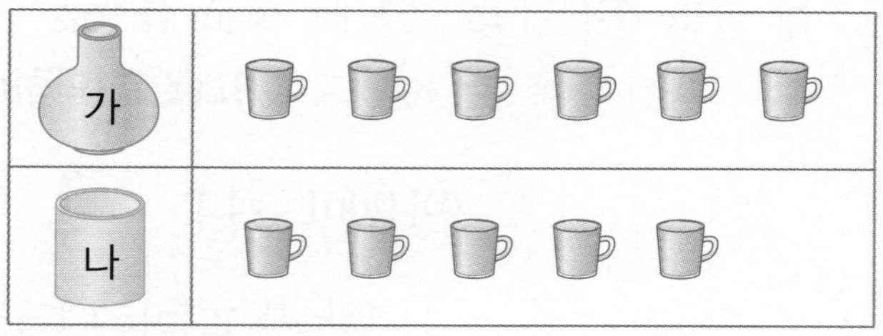

가
나

(　　　　　)

2 □ 안에 알맞은 수를 써넣으세요.

4 t=□ kg

3 □ 안에 mL, L 중 알맞은 단위를 써넣으세요.

양동이의 들이는 약 1□입니다.

4 계산을 하세요.

$$\begin{array}{r} 8\text{ L }\ 700\text{ mL} \\ -\ 4\text{ L }\ 300\text{ mL} \\ \hline \end{array}$$

5 사과 상자를 저울 위에 올려놓았더니 저울의 눈금이 오른쪽 그림과 같았습니다. 사과 상자의 무게는 몇 kg 몇 g일까요?

4 kg
5 kg

(　　　　　)

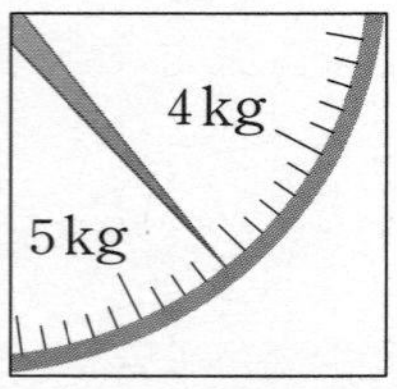

창의·융합

6 자두와 귤의 무게를 저울과 바둑돌을 사용하여 비교한 것입니다. 자두와 귤 중에서 어느 것이 바둑돌 몇 개만큼 더 무거운지 차례로 쓰세요.

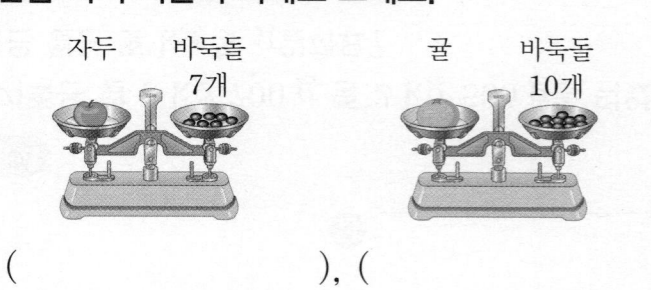

자두
바둑돌
7개
귤
바둑돌
10개

(　　　　　), (　　　　　)

7 들이의 합은 몇 L 몇 mL인지 구하세요.

4 L 200 mL+3 L 900 mL

(　　　　　)

8 들이를 비교하여 ○ 안에 >, =, <를 알맞게 써넣으세요.

5500 mL ○ 5 L 540 mL

9 벼에 농약을 2분 동안 1700 mL 뿌렸습니다. 농약을 일정하게 뿌렸을 때 1분 동안 뿌린 농약의 양은 약 몇 mL인지 어림하세요.

(　　　　　)

10 아버지 가방은 민주 가방보다 몇 kg 몇 g 더 무거울까요?

민주 가방
2 kg 800 g
아버지 가방
5 kg 500 g

(　　　　　)

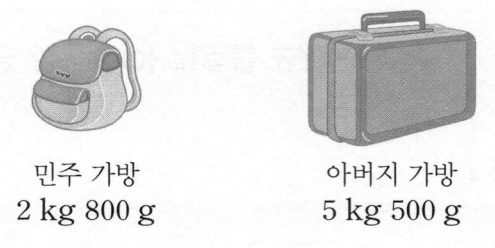

11 재규네 가족은 물을 어제 3 L 200 mL 마셨고 오늘은 어제보다 700 mL 더 많이 마셨습니다. 재규네 가족이 오늘 마신 물은 몇 L 몇 mL일까요?

(   )

12 융합형

들이와 무게의 단위를 알맞게 사용한 것을 찾아 기호를 쓰세요.

> ㉠ 나는 세숫대야에 물을 2 L 담았어.
> ㉡ 누나의 몸무게는 36 t이야.
> ㉢ 욕조에 물을 가득 채우면 90 mL가 돼.

(   )

13 계산 결과가 3 kg 900 g인 것을 찾아 색칠하세요.

> 5 kg 500 g − 2 kg 600 g

> 2 kg 500 g + 1 kg 400 g

14 계산이 잘못된 곳을 찾아 바르게 고쳐 보세요.

$$\begin{array}{r} 6 \text{ L } 300 \text{ mL} \\ - 4 \text{ L } 400 \text{ mL} \\ \hline 2 \text{ L } 900 \text{ mL} \end{array}$$ →
$$\begin{array}{r} 6 \text{ L } 300 \text{ mL} \\ - 4 \text{ L } 400 \text{ mL} \\ \hline \end{array}$$

15 똑같은 그릇에 물을 가득 채우려면 각각의 컵에 물을 가득 담아 다음과 같이 부어야 합니다. 들이가 가장 많은 컵의 기호를 쓰세요.

컵	㉮	㉯	㉰
부은 횟수	10번	7번	8번

(   )

16 □ 안에 알맞은 수를 써넣으세요.

$$\begin{array}{r} 7 \text{ kg } \boxed{} \text{ g} \\ - \boxed{} \text{ kg } 400 \text{ g} \\ \hline 5 \text{ kg } 200 \text{ g} \end{array}$$

17 지호와 진주가 강아지의 무게를 어림한 것입니다. 강아지를 직접 잰 무게가 4 kg이라면 강아지의 무게를 더 가깝게 어림한 사람은 누구일까요?

이름	지호	진주
어림한 무게	3 kg 800 g	3700 g

(   )

18 똑같은 필통 10개의 무게는 750 g입니다. 이 필통 18개의 무게는 몇 kg 몇 g일까요?

(   )

19 서술형

들이가 1 L 500 mL인 그릇과 들이가 4 L 500 mL인 그릇이 있습니다. 두 그릇을 이용하여 냄비에 물 3 L를 담는 방법을 써 보세요.

방법 _____

_____

_____

20 수호와 연아가 주스를 마시기 전과 후의 주스의 양입니다. 주스를 더 많이 마신 사람은 누구인지 구하세요.

	수호	연아
마시기 전	1 L 200 mL	1 L 800 mL
마신 후	800 mL	1 L 300 mL

(   )

▶정답은 12쪽

6. 자료의 정리

❶ 표를 보고 내용 알아보기

운동회에서 하고 싶은 경기

경기	달리기	피구	줄다리기	합계
학생 수(명)	12	14	20	❶

• 가장 많은 학생들이 하고 싶은 경기는 줄다리기입니다.
• 가장 적은 학생들이 하고 싶은 경기는 달리기입니다.

❷ 자료를 수집하여 표로 나타내기

학생들이 좋아하는 계절을 조사하였습니다.

좋아하는 계절

봄	여름	가을	겨울

좋아하는 계절

계절	봄	여름	가을	겨울	합계
학생 수(명)	7	❷	4	❸	24

❸ 그림그래프 알아보기

• 그림그래프: 알려고 하는 수(조사한 수)를 그림으로 나타낸 그래프

❹ 그림그래프로 나타내기

• 그림그래프 그리는 순서
① 그림을 몇 가지로 나타낼 것인지 정합니다.
② 어떤 그림으로 나타낼 것인지 정합니다.
③ 조사한 수에 맞도록 그림을 그립니다.
④ 그림그래프에 알맞은 제목을 붙입니다.

좋아하는 과일

과일	사과	배	바나나	귤	합계
학생 수(명)	12	20	8	15	❹

좋아하는 과일

과일	학생 수
사과	◎○○
배	◎◎
바나나	○○○○○○○○
귤	◎○○○○○

◎ 10명
○ 1명

대표유형 ❶

정은이네 학교 학생들이 좋아하는 색깔을 조사하여 표로 나타내었습니다. 가장 많은 학생들이 좋아하는 색깔은 무엇일까요?

좋아하는 색깔

색깔	빨강	파랑	노랑	초록	합계
학생 수(명)	13	15	14	16	58

풀이

학생 수의 크기를 비교하면 16 > □ > □ > □ 이므로 가장 많은 학생들이 좋아하는 색깔은 □ 입니다.

답 _____

대표유형 ❷

위 대표유형 ❶ 의 표를 보고 그림그래프를 그릴 때 그림을 몇 가지로 나타내면 좋을지 쓰세요.

풀이

학생 수가 두 자리 수이므로 10명과 □명인 □가지로 나타내는 것이 좋을 것 같습니다.

답 _____

대표유형 ❸

마을별 학생 수를 조사하여 그림그래프로 나타내었습니다. 학생 수가 가장 많은 마을을 쓰세요.

마을별 학생 수

마을	학생 수
가람	☺ ☺ ☺ ☺
햇살	☺ ☺ ☺ ☺ ☺ ☺ ☺
행복	☺ ☺ ☺ ☺ ☺ ☺ ☺
반달	☺ ☺ ☺ ☺ ☺ ☺ ☺

☺ 10명
☺ 1명

풀이

학생 수가 가장 많은 마을은 (☺ , ☺)의 수가 가장 많은 마을을 찾으면 되므로 □ 마을입니다.

답 _____

[1~2] 예슬이네 모둠 학생들이 좋아하는 꽃을 조사한 것입니다. 물음에 답하세요.

좋아하는 꽃

예슬	장미	준호	튤립	진수	장미
희서	백합	은결	장미	영민	튤립
세빈	장미	민종	백합	재희	튤립

1 예슬이가 좋아하는 꽃은 무엇일까요?

(   )

2 조사한 것을 보고 표를 완성하세요.

좋아하는 꽃별 학생 수

꽃	장미	튤립	백합	합계
학생 수(명)	4			9

[3~5] 농장별 기르는 돼지 수를 조사하여 그래프로 나타내었습니다. 물음에 답하세요.

농장별 기르는 돼지 수

농장	돼지 수
가	◎◎○○○
나	◎○○○○
다	◎◎◎○○
라	◎◎○○○○○

◎10마리
○1마리

3 위와 같은 그래프를 무엇이라고 할까요?

(   )

4 가 농장에서 기르는 돼지는 몇 마리일까요?

(   )

5 돼지를 가장 많이 기르는 농장은 어느 농장인지 쓰세요.

(   )

[6~9] 씽씽 공장에서 오늘 만든 인형 수를 종류별로 조사하여 표와 그림그래프로 나타내었습니다. 물음에 답하세요.

종류별 인형 수

종류	곰	토끼	강아지	호랑이	합계
인형 수(개)	140	200	330	170	

종류별 인형 수

종류	인형 수
곰	🧸🧸🧸🧸🧸
토끼	
강아지	
호랑이	

🧸 [   ] 개
🧸 [   ] 개

6 씽씽 공장에서 오늘 만든 인형은 모두 몇 개일까요?

(   )

7 🧸과 🧸이 나타내는 수를 그림그래프의 □ 안에 각각 써넣으세요.

8 표를 보고 그림그래프를 완성하세요.

9 가장 적게 만든 인형을 쓰세요.

(   )

10 (서술형) 승현이네 반 학생들이 가보고 싶어 하는 나라를 조사하여 그림그래프로 나타내었습니다. 그림그래프를 보고 알 수 있는 내용을 쓰세요.

학생들이 가보고 싶어 하는 나라

나라	학생 수
영국	☺☺☺☺☺
스위스	☺☺☺☺
호주	☺☺☺☺☺☺

☺10명
☺1명

_____

_____

11 지역별로 인구 수를 조사하여 그림그래프로 나타내었습니다. 가와 라 지역의 인구 수의 합은 몇 명일까요?

지역별 인구 수

지역	인구 수
가	👤👤👤👤
나	👤👤👤👤👤
다	👤👤👤
라	👤👤

👤 100명
👤 10명

(   )

[12~15] 어느 식당에서 일주일 동안 팔린 음식의 수를 그림그래프로 나타내었습니다. 물음에 답하세요.

일주일 동안 팔린 음식의 수

라면	비빔밥	만둣국	돈가스

🥣 10그릇
🥣 1그릇

12 일주일 동안 팔린 음식의 수를 세어 표로 나타내세요.

일주일 동안 팔린 음식의 수

음식	라면	비빔밥	만둣국	돈가스	합계
수(그릇)					78

13 일주일 동안 팔린 음식의 수가 21그릇인 음식은 무엇일까요?

(   )

14 일주일 동안 많이 팔린 음식부터 차례로 쓰세요.

(   )

서술형

15 내가 음식점 주인이라면 다음 주에는 어떤 음식 재료를 어떻게 준비하면 좋을지 쓰고, 그 이유를 쓰세요.

_____

이유 _____

_____

[16~20] 목장별 일주일 동안 생산한 우유의 양을 조사하여 표로 나타내었습니다. 물음에 답하세요.

목장별 우유 생산량

목장	가	나	다	라	합계
생산량(kg)	34	25		17	94

16 다 목장의 우유 생산량은 몇 kg일까요?

(   )

17 위의 표를 보고 그림그래프로 나타내세요.

목장별 우유 생산량

목장	우유 생산량
가	
나	
다	
라	

🍼 10 kg
🍼 1 kg

18 일주일 동안 나 목장에서 생산한 우유의 양은 다 목장에서 생산한 우유의 양보다 몇 kg 더 많을까요?

(   )

19 우유 생산량이 라 목장의 2배인 목장은 어느 목장일까요?

(   )

20 위의 표를 보고 ◎는 10 kg, △는 5 kg, ○는 1 kg으로 나타내려고 합니다. 그림그래프로 나타내세요.

목장별 우유 생산량

목장	우유 생산량
가	
나	
다	
라	

◎ 10 kg
△ 5 kg
○ 1 kg

[4단원]
1 □ 안에 알맞은 분수를 써넣으세요. 2점

16을 4씩 묶으면 12는 16의 [ ] 입니다.

[5단원]
2 우유갑에 물을 가득 채운 후 병에 옮겨 담았더니 그림과 같이 물이 채워졌습니다. 우유갑과 병 중 들이가 더 많은 것을 쓰세요. 2점

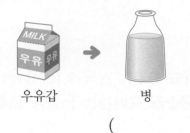

우유갑   병

(   )

[4단원]
3 진분수이면 '진', 가분수이면 '가'를 쓰세요. 2점

$$\frac{81}{7}$$

(   )

[5단원]
4 □ 안에 알맞은 수를 써넣으세요. 2점

7509 g= [ ] kg [ ] g

[5~7] 과수원에 있는 나무 수를 종류별로 조사하여 그림 그래프로 나타내었습니다. 물음에 답하세요.

종류별 나무 수

종류	나무 수
배나무	🌳🌳🌳🌲🌲
감나무	🌳🌲🌲🌲🌲🌲🌲🌲🌲
사과나무	🌳🌳🌳🌳🌲🌲
밤나무	🌳🌲🌲🌲🌲🌲🌲🌲🌲

🌳10그루
🌲1그루

[6단원]
5 과수원에 있는 감나무는 몇 그루일까요? 3점

(   )

[6단원]
6 과수원에 어떤 종류의 나무가 가장 많을까요? 3점

(   )

[6단원]
7 그림그래프를 보고 표를 완성하세요. 3점

종류별 나무 수

종류	배나무	감나무	사과나무	밤나무	합계
나무 수 (그루)		19	43		

[4단원]
8 재현이는 연필 12자루를 가지고 있습니다. 그중에서 $\frac{1}{3}$은 동생에게 주었습니다. 재현이가 동생에게 준 연필은 몇 자루일까요? 3점

(   )

[5단원]

9 과일이 담긴 바구니의 무게가 4 kg입니다. 바구니만의 무게가 580 g이라면 과일의 무게는 몇 kg 몇 g일까요? 3점

( )

[5단원]

10 ┃보기┃에 있는 물건을 선택하여 문장을 완성하세요. 3점

┃보기┃
주사기   욕조   우유갑

(1) [   ]의 들이는 약 3 mL입니다.

(2) [   ]의 들이는 약 200 L입니다.

[4단원]

11 그림에서 색칠한 부분이 나타내는 분수는 수직선 위의 어느 곳에 나타내야 하는지 기호를 쓰세요. 3점

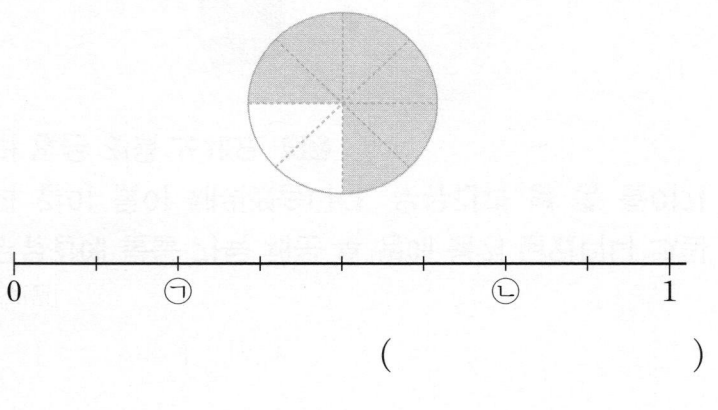

( )

[5단원]

12 수조, 물병, 주전자에 물을 가득 채운 후 모양과 크기가 같은 컵에 각각 옮겨 담았습니다. 들이가 가장 적은 것은 무엇인가요? 3점

	수조	물병	주전자
컵의 수(개)	25	12	15

( )

[5단원]

13 무게가 같은 것끼리 선으로 이어 보세요. 3점

4 kg 800 g •   • 4080 g

4 kg 80 g •   • 4800 g

• 4008 g

[4단원]

14 두 분수의 크기를 바르게 비교한 것에 ○표 하세요. 3점

$3\dfrac{3}{4} > 4\dfrac{1}{4}$ $2\dfrac{1}{5} < 3\dfrac{2}{5}$

( )   ( )

[4단원]

15 다음 중 바르게 나타낸 것을 찾아 기호를 쓰세요. 3점

㉠ 20의 $\dfrac{3}{4}$ ➡ 12

㉡ 35의 $\dfrac{2}{5}$ ➡ 14

㉢ 16의 $\dfrac{4}{8}$ ➡ 24

( )

[4단원]

16 $2\dfrac{3}{5}$보다 크고 $\dfrac{17}{5}$보다 작은 분수를 찾아 쓰세요. 3점

$\dfrac{7}{5}$ $3\dfrac{1}{5}$ $\dfrac{11}{5}$

( )

[5단원]

17 들이가 가장 많은 것을 찾아 기호를 쓰세요. 4점

> ㉠ 6250 mL
> ㉡ 6 L 180 mL
> ㉢ 6095 mL

(   )

[18~19] 마을별 자동차 수를 조사하여 그림그래프로 나타내었습니다. 물음에 답하세요.

마을별 자동차 수

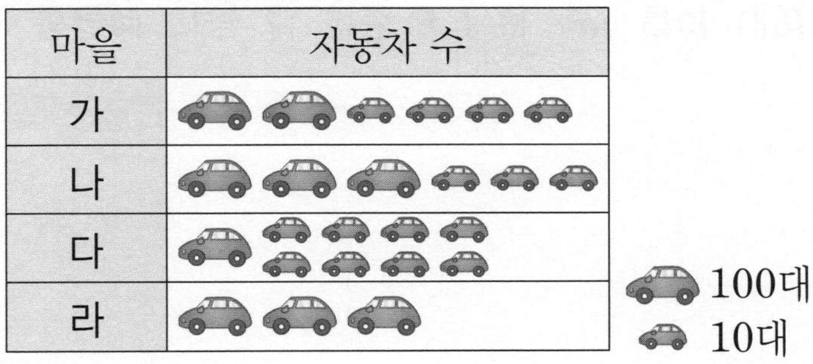

마을	자동차 수
가	🚗🚗🚗🚗🚗🚗
나	🚗🚗🚗🚗🚗🚗
다	🚗🚗🚗🚗🚗
라	🚗🚗🚗

🚗 100대
🚗 10대

[6단원]

18 마을에 있는 자동차 수가 200대보다 적은 마을은 어느 마을일까요? 4점

(   )

[6단원]

19 나 마을의 자동차 수는 다 마을의 자동차 수보다 몇 대 더 많을까요? 4점

(   )

[5단원]
서술형

20 1분 동안 1600 mL씩 물이 나오는 수도가 있습니다. 이 수도로 3분 동안 대야에 물을 담았다면 대야에 받은 물의 양은 몇 L 몇 mL인지 풀이 과정을 쓰고 답을 구하세요. 4점

풀이 _____

_____

_____

_____

답 _____

[21~22] 초등학교에 입학한 신입생 수 149명을 마을별로 조사하여 표로 나타내었습니다. 물음에 답하세요.

초등학교에 입학한 신입생 수

마을	가	나	다	라	합계
신입생 수(명)	24			37	149

[6단원]

21 다 마을의 신입생 수는 가 마을의 신입생 수의 2배라고 합니다. 표를 완성하세요. 4점

[6단원]

22 위 표를 보고 그림그래프로 나타내세요. 4점

마을	신입생 수
가	
나	
다	
라	

☺10명
☺1명

[4단원]

23 다음 4장의 수 카드 중에서 2장을 뽑아 한 번씩만 사용하여 만들 수 있는 가분수는 모두 몇 개일까요? 4점

2	4	5	6

(   )

24 [4단원]
다음 ∥조건∥을 모두 만족하는 진분수를 구하세요. 4점

> ∥조건∥
> • (분자)＋(분모)＝13
> • (분모)－(분자)＝3

( )

25 [6단원]
지윤이네 학교 3학년 학생 중 봉사활동에 참가한 학생을 조사하여 그림그래프로 나타내었습니다. 봉사활동에 참가한 학생 수가 가장 많은 반과 가장 적은 반의 학생 수의 합은 몇 명인지 구하세요. 4점

봉사활동에 참가한 학생 수

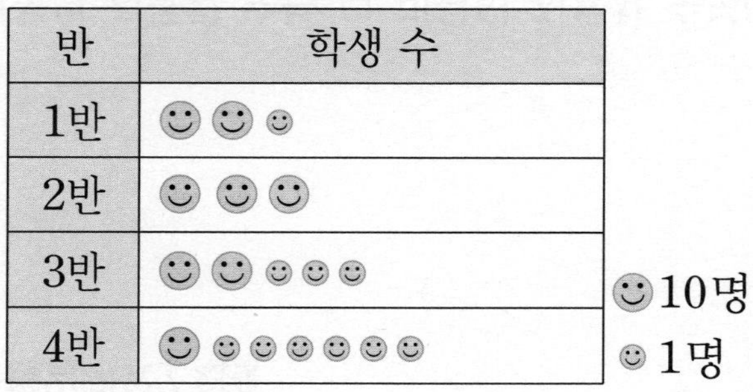

반	학생 수
1반	☺ ☺ ☺
2반	☺ ☺ ☺
3반	☺ ☺ ☺ ☺
4반	☺ ☺ ☺ ☺ ☺ ☺

☺10명
☺1명

( )

26 [5단원]
물통에 가득 찬 물을 1 L씩 4번 덜어 내었더니 350 mL가 남았습니다. 물통의 들이는 몇 L 몇 mL인지 구하세요. 4점

( )

27 [4단원]
분모가 3인 분수 중에서 2보다 작은 가분수를 모두 구하세요. 4점

( )

28 [4단원] 문제 해결
진영이네 반 학생은 모두 36명입니다. 진영이네 반 학생 중 학교에 $\frac{3}{4}$은 걸어서 오고, 나머지는 버스를 타고 옵니다. 학교에 버스를 타고 오는 학생은 몇 명일까요? 4점

( )

29 [5단원]
동생의 몸무게는 20 kg 400 g이고 형의 몸무게는 동생보다 11 kg 750 g 더 무겁습니다. 어머니의 몸무게가 형의 몸무게의 2배라고 할 때 어머니의 몸무게는 몇 kg 몇 g일까요? 4점

( )

30 [6단원] 서술형
지영이네 반과 수진이네 반은 함께 체험 학습으로 가고 싶어하는 장소를 조사하였습니다. 어떤 곳으로 가면 좋을지 고르고, 그 이유를 쓰세요. 4점

가고 싶어하는 장소

장소	박물관	식물원	수영장	동물원	합계
지영이네 반 학생 수(명)	5	4	6	11	26
수진이네 반 학생 수 (명)	4	7	11	4	26

( )

이유 _____

_____

[4단원]

1 □ 안에 알맞은 분수를 써넣으세요. 각 1점

(1) 2는 9의 □ 입니다.

(2) 5는 12의 □ 입니다.

[4단원]

2 가분수를 찾아 쓰세요. 2점

$$\frac{3}{4} \qquad \frac{11}{14} \qquad \frac{12}{7}$$

( )

[5단원]

3 그릇 ㉠, ㉡에 물을 가득 채웠다가 모양과 크기가 같은 그릇에 각각 옮겨 담았습니다. 들이가 더 많은 것의 기호를 쓰세요. 2점

( )

[5단원]

4 □ 안에 알맞은 수를 써넣으세요. 2점

$$\begin{array}{r} 4 \ \text{L} \quad 700 \quad \text{mL} \\ + \ 2 \ \text{L} \quad 500 \quad \text{mL} \\ \hline \boxed{} \ \text{L} \quad \boxed{} \quad \text{mL} \end{array}$$

[4단원]

5 그림에서 색칠한 부분이 나타내는 분수를 수직선에 (↑)로 표시해 보세요. 3점

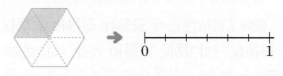

[5단원]

6 무게가 1 t보다 무거운 것을 모두 찾아 기호를 쓰세요. 3점

> ㉠ 어미 하마 1마리
> ㉡ 유모차 1대
> ㉢ 텔레비전 1대
> ㉣ 트럭 3대

( )

[4단원]

7 크기를 비교하여 ○ 안에 >, =, <를 알맞게 써넣으세요. 3점

$$60의 \ \frac{9}{10} \ \bigcirc \ 36$$

[4단원]

8 두 분수의 크기를 비교하여 ○ 안에 >, =, <를 알맞게 써넣으세요. 3점

$$4\frac{3}{7} \ \bigcirc \ \frac{22}{7}$$

[4단원]

9 분모가 4인 진분수는 모두 몇 개일까요? 3점

( )

[10~12] 선아네 학교 3학년 학생들이 좋아하는 음식을 조사하여 표로 나타내었습니다. 물음에 답하세요.

좋아하는 음식별 학생 수

음식	김밥	피자	치킨	떡볶이	합계
학생 수(명)	17	30	21	26	94

[6단원]

10 표를 보고 그림그래프를 그릴 때 그림을 몇 가지로 나타내는 것이 좋을까요? 3점

( )

[6단원]

11 표를 보고 그림그래프로 나타내세요. 3점

좋아하는 음식별 학생 수

음식	학생 수
김밥	
피자	
치킨	
떡볶이	

😀 10명 🙂 1명

[6단원]

12 가장 많은 학생들이 좋아하는 음식은 어떤 음식일까요? 3점

( )

[5단원]

13 들이와 무게의 단위를 알맞게 사용한 사람은 누구일까요? 3점 의사소통

- 정훈: 무게가 300 g인 텔레비전을 옮겼어.
- 수경: 바가지에 물을 500 mL 담아 마셨어.
- 광수: 80 kg인 옷을 샀어.

( )

[14~15] 민수와 지우가 모은 헌 종이의 무게를 각각 재었습니다. 물음에 답하세요.

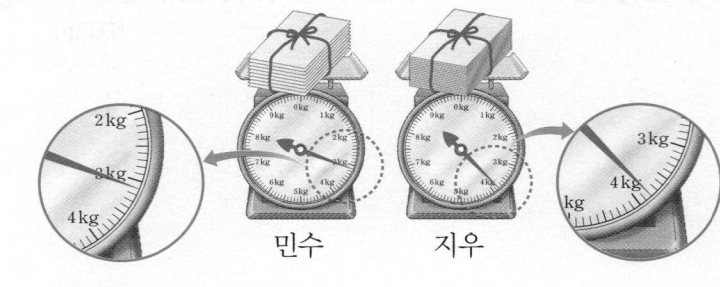

민수   지우

[5단원]

14 민수와 지우가 모은 헌 종이의 무게는 각각 몇 kg 몇 g일까요? 3점

민수 ( )
지우 ( )

[5단원]

15 민수와 지우 중 누가 몇 g 더 많이 모았는지 차례로 쓰세요. 3점

( ), ( )

[5단원]

16 직접 잰 무게가 1 kg 300 g인 가방의 무게를 지연, 기훈, 재영이가 각각 어림한 것입니다. 가방의 무게에 가장 가깝게 어림한 사람은 누구일까요? 3점

이름	어림한 무게
지연	1 kg 800 g
기훈	2 kg
재영	1 kg 500 g

( )

[17~19] 마을별 참외 생산량을 조사하여 그림그래프로 나타내었습니다. 물음에 답하세요.

마을별 참외 생산량

마을	참외 생산량
사랑	▣ ▣ ▣ ▣ ▣ ▣ ▣
햇빛	▣ ▫ ▫ ▫ ▫ ▫
별빛	▣ ▫ ▫ ▫
달빛	▣ ▫ ▫ ▫ ▫

▣100상자 ▫10상자

[6단원]

17 별빛 마을의 참외 생산량은 몇 상자일까요? 4점

( )

[6단원]

18 네 마을의 참외 생산량은 모두 몇 상자일까요? 4점

( )

[6단원] 서술형

19 참외를 가장 많이 생산한 마을과 가장 적게 생산한 마을의 생산량의 차는 몇 상자인지 풀이 과정을 쓰고 답을 구하세요. 4점

풀이 _____

_____

_____

답 _____

[4단원]

20 효은이네 반 학생은 27명입니다. 그중에서 $\frac{3}{9}$은 안경을 썼습니다. 효은이네 반 학생 중에서 안경을 쓰지 않은 학생은 몇 명인지 구하세요. 4점

( )

[5단원] 추론

21 한 개의 무게가 300 g인 공 몇 개를 저울 위에 올려 놓았더니 저울의 눈금이 다음과 같았습니다. 저울 위에 올려 놓은 공은 몇 개일까요? 4점

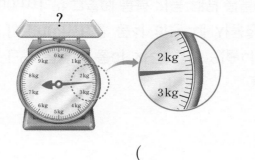

( )

[6단원]

22 예지네 반 학생들이 모둠별로 모은 붙임딱지 수를 조사하여 그림그래프로 나타내었습니다. 예지네 반 학생들이 모은 붙임딱지가 모두 110장일 때 라 모둠이 모은 붙임딱지는 몇 장일까요? 4점

모둠별 모은 붙임딱지 수

모둠	붙임딱지 수
가	🐻 🐻 🐻 🐻 🐻 🐻 🐻
나	🐻 🐻 🐻 🐻 🐻
다	🐻 🐻 🐻 🐻 🐻 🐻 🐻 🐻
라	

🐻10장 🐻1장

( )

[4단원] 창의·융합

23 조와 콩이 섞여 있는 것을 체를 이용해서 분리하여 무게를 잰 것입니다. 조와 콩 중에서 더 무거운 곡물을 쓰세요. 4점

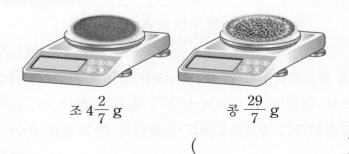

조 $4\frac{2}{7}$ g   콩 $\frac{29}{7}$ g

( )

[6단원]

24 지은이네 학교 3학년부터 5학년까지 학년별 휴대 전화를 가지고 있는 학생 수를 조사하여 그림그래프로 나타내었습니다. 3학년부터 5학년까지 학생 중 휴대 전화를 가지고 있는 학생은 모두 몇 명일까요? **4점**

학년별 휴대 전화를 가지고 있는 학생 수

학년	학생 수
3학년	
4학년	
5학년	

📱 10명　📱 1명

(　　　　　　　)

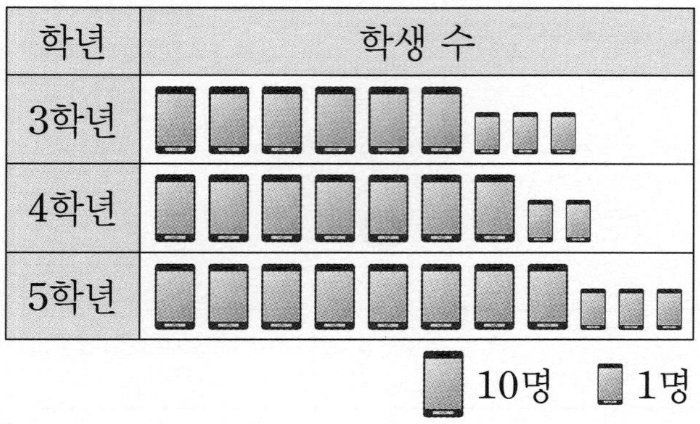

[5단원]　**서술형**

25 들이가 5 L인 어항에 물이 들어 있습니다. 들이가 1400 mL인 병에 물을 가득 담아 한 번 부었더니 어항에 물이 가득 찼습니다. 처음 어항에 들어 있던 물은 몇 L 몇 mL인지 풀이 과정을 쓰고 답을 구하세요. **4점**

풀이 _____

_____

_____

답 _____

[5단원]

26 사과와 귤을 상자에 담아 무게를 재어 보니 21 kg 600 g이었습니다. 사과의 무게는 11 kg 300 g이고 귤의 무게는 9 kg 500 g일 때 상자의 무게를 구하세요. **4점**

(　　　　　　　)

[6단원]

27 마을별 가구 수를 조사하여 그림그래프로 나타내었습니다. 네 마을은 모두 720가구이고 ㉯ 마을의 가구 수는 ㉰ 마을의 가구 수의 2배일 때 그림그래프를 완성하세요. **4점**

마을별 가구 수

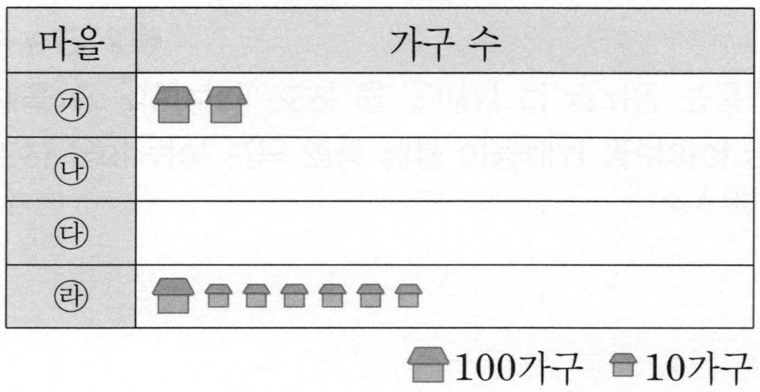

마을	가구 수
㉮	🏠🏠
㉯	
㉰	
㉱	🏠🏠🏠🏠🏠🏠🏠

🏠100가구　🏠10가구

[28~29] ■ − ● = 3일 때 만들 수 있는 대분수 ■$\frac{●}{4}$를 모두 찾아 가분수로 나타내려고 합니다. 물음에 답하세요.

[4단원]

28 ■ − ● = 3일 때 ■와 ●가 될 수 있는 수를 빈칸에 알맞게 써넣으세요. **4점**

■				……
●	1			……

[4단원]

29 만들 수 있는 대분수 ■$\frac{●}{4}$를 모두 찾아 가분수로 나타내세요. **4점**

(　　　　　　　)

[5단원]　**문제 해결**

30 들이가 4 L인 물통에 물이 가득 들어 있습니다. 이 중에서 2 L 200 mL를 음식 하는 데 사용한 다음 들이가 800 mL인 그릇에 물을 가득 채워 물통에 1번 부었습니다. 지금 물통에 들어 있는 물은 몇 L 몇 mL일까요? **4점**

(　　　　　　　)

[2단원]

1 나눗셈을 하여 □ 안에 몫과 나머지를 써넣으세요. [각 1점]

(1) $31 \div 4 = \boxed{} \cdots \boxed{}$

(2) $79 \div 6 = \boxed{} \cdots \boxed{}$

[5단원]

2 □ 안에 알맞은 수를 써넣으세요. [각 1점]

(1) $5 \text{ L } 24 \text{ mL} = \boxed{} \text{ mL}$

(2) $7030 \text{ g} = \boxed{} \text{ kg } \boxed{} \text{ g}$

[4단원]

3 □ 안에 알맞은 수를 써넣으세요. [2점]

49를 7씩 묶으면 14는 49의 $\dfrac{\boxed{}}{7}$ 입니다.

[3단원]

4 점 ㄱ은 원의 중심입니다. 선분 ㄱㄴ의 길이는 몇 cm 인지 구하세요. [2점]

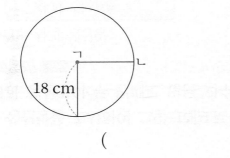

( )

[1단원]

5 빈칸에 알맞은 수를 써넣으세요. [3점]

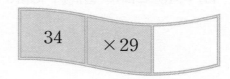

[2단원]

6 나눗셈의 나머지가 될 수 **없는** 것은 어느 것일까요?
············· [3점] ( )

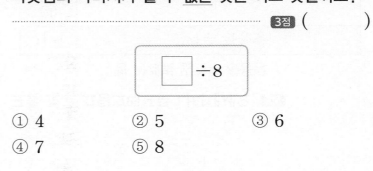

① 4　　　② 5　　　③ 6
④ 7　　　⑤ 8

[4단원]

7 진분수는 모두 몇 개일까요? [3점]

$$\dfrac{19}{15} \qquad 2\dfrac{1}{12} \qquad \dfrac{7}{20} \qquad \dfrac{10}{13}$$

( )

[5단원]

8 무게를 비교하여 ○ 안에 >, =, <를 알맞게 써넣으세요. [3점]

$3 \text{ kg } 480 \text{ g} \bigcirc 3840 \text{ g}$

[6단원]

9 과수원별 사과 생산량을 조사하여 그림그래프로 나타내었습니다. 사과 생산량이 두 번째로 많은 과수원은 어느 과수원일까요? 3점

과수원별 사과 생산량

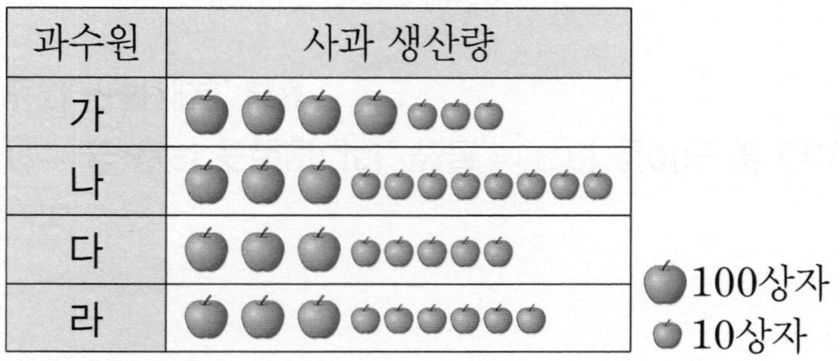

과수원	사과 생산량
가	🍎🍎🍎🍎🍎🍎🍎
나	🍎🍎🍎🍎🍎🍎🍎🍎🍎
다	🍎🍎🍎🍎🍎🍎🍎
라	🍎🍎🍎🍎🍎🍎🍎🍎

🍎100상자
🍎10상자

(   )

[1단원]   문제 해결

10 정현이는 수학 문제를 하루에 20문제씩 풉니다. 정현이가 28일 동안 푼 수학 문제는 모두 몇 문제일까요? 3점

(   )

[1단원]

11 한 장에 120원인 도화지 9장은 모두 얼마일까요? 3점

(   )

[4단원]

12 대분수 $⑦\dfrac{⑧}{11}$ 을 가분수로 나타낸 것입니다. ⑦과 ⑧의 합은 얼마일까요? 3점

$$⑦\frac{⑧}{11}=\frac{38}{11}$$

(   )

[4단원]

13 분자가 19이고 분모가 11인 가분수를 대분수로 나타내세요. 3점

(   )

[14~15] 빵 가게별 밀가루 사용량을 조사하여 표로 나타내었습니다. 물음에 답하세요.

빵 가게별 밀가루 사용량

가게	㉮	㉯	㉰	㉱	합계
사용량(kg)	200	140	210	150	

[6단원]

14 네 가게의 밀가루 사용량은 모두 몇 kg일까요? 3점

(   )

[6단원]

15 표를 보고 그림그래프로 나타내세요. 3점

빵 가게별 밀가루 사용량

가게	밀가루 사용량
㉮	
㉯	
㉰	
㉱	

▨ 50 kg   ▧ 10 kg

[2단원]

16 잠자리는 2쌍의 날개를 가지고 있습니다. 하늘을 날고 있는 잠자리의 날개가 모두 48장이라면 하늘을 날고 있는 잠자리는 몇 마리일까요? (단, 날개 한 쌍은 2장입니다.) 3점

(   )

[17~18] 서은이네 반 학생들이 좋아하는 놀이기구를 조사하였습니다. 물음에 답하세요.

좋아하는 놀이기구

바이킹	롤러코스터	범버카	회전목마

●남학생 ●여학생

[6단원]

17 자료를 보고 표로 나타내세요. 4점

좋아하는 놀이기구

놀이기구	바이킹	롤러코스터	범퍼카	회전목마	합계
남학생 수(명)					
여학생 수(명)					

[6단원]

18 조사한 학생 수는 모두 몇 명일까요? 4점

( )

[5단원]

19 들이가 4 L 600 mL인 통에 식용유가 가득 들어 있습니다. 이 중 1 L 800 mL의 식용유를 사용했다면 남은 식용유의 양은 몇 L 몇 mL일까요? 4점

( )

[5단원]

20 들이가 같은 3개의 수조에 각각 ㉮, ㉯, ㉰ 컵으로 물을 다음과 같이 부어서 각 수조를 가득 채웠습니다. 들이가 가장 많은 컵은 어느 것일까요? 4점

- ㉮ 컵으로 17번 부었습니다.
- ㉯ 컵으로 9번 부었습니다.
- ㉰ 컵으로 11번 부었습니다.

( )

[1단원]　　　　　　　　　　　　　　　　서술형

21 다음과 같은 4장의 수 카드 중에서 2장을 골라 만들 수 있는 두 자리 수 중 가장 큰 두 자리 수와 가장 작은 두 자리 수의 곱을 구하는 풀이 과정을 쓰고 답을 구하세요. 4점

2	3	7	8

풀이 _____

_____

_____

❷ 답 _____

[3단원]

22 점 ㅇ은 원의 중심입니다. 원의 지름이 24 cm이면 삼각형 ㅇㄱㄴ의 세 변의 길이의 합은 몇 cm인지 구하세요. 4점

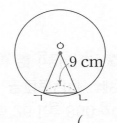

9 cm

ㄱ　ㄴ

( )

[2단원]

23 □ 안에 알맞은 수를 써넣으세요. 4점

```
        1 □
   □ ) 5 □
       3
       2 8
       2 7
         1
```

[3단원]

24 정사각형 모양의 종이에 원을 그려 다음과 같은 과녁을 만들려고 합니다. 점 ○은 원의 중심이고 정사각형 모양의 종이의 한 변의 길이는 22 cm 입니다. □ 안에 알맞은 수를 구하세요. 4점

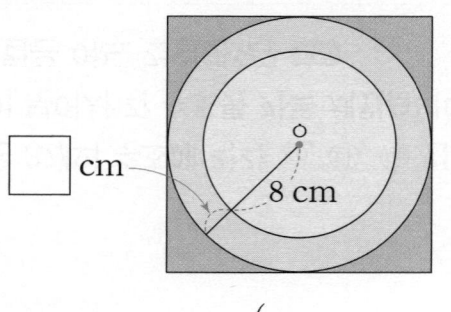

□ cm

8 cm

( )

[1단원] 의사소통

25 ┃보기┃와 같이 ㉠★㉡＝㉠×㉡－5라 약속할 때 다음을 계산하세요. 4점

┃보기┃
$$3 ★ 6 ＝ 3 × 6 － 5 ＝ 18 － 5 ＝ 13$$

48★59

( )

[4단원] 서술형

26 현영이네 반은 남학생이 18명, 여학생이 15명입니다. 반 전체 학생 수의 $\frac{1}{3}$은 피아노 학원에 다닙니다. 피아노 학원에 다니는 학생은 몇 명인지 풀이 과정을 쓰고 답을 구하세요. 4점

풀이 _____

_____

_____

답 _____

[3단원]

27 그림과 같이 직사각형 안에 크기가 같은 원을 서로 원의 중심을 지나도록 그렸습니다. 직사각형의 가로의 길이는 몇 cm일까요? 4점

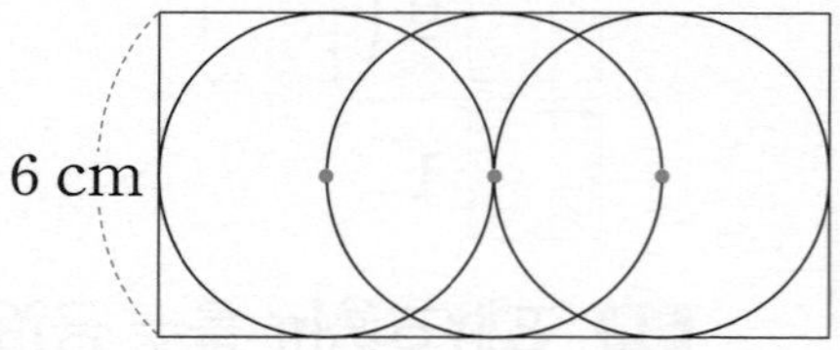

6 cm

( )

[5단원]

28 영은이의 몸무게는 26 kg 800 g이고 혜영이는 영은이보다 900 g 더 무겁습니다. 혜영이와 영은이의 몸무게의 합은 몇 kg 몇 g일까요? 4점

( )

[3단원]

29 점 ㄱ, 점 ㄴ, 점 ㄷ은 원의 중심입니다. 세 원의 크기가 같을 때 한 원의 지름은 몇 cm일까요? 4점

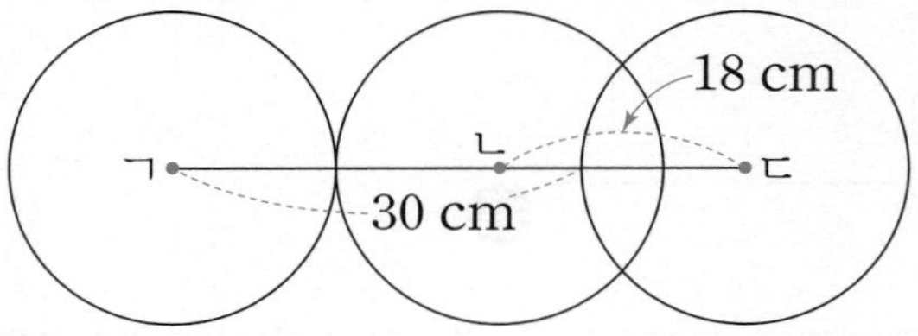

18 cm

30 cm

ㄱ   ㄴ   ㄷ

( )

[2단원]

30 정미네 반 학생 수는 44명보다 적습니다. 정미네 반 학생들이 7명씩 짝을 지으면 2명이 남고, 5명씩 짝을 지어도 2명이 남습니다. 정미네 반 학생은 몇 명일까요? 4점

( )

[3단원]

1 오른쪽 그림에서 점 ○은 원의 중심입니다. 원의 반지름은 몇 cm일까요? **2점**

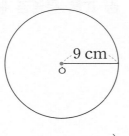
9 cm

(   )

[2단원]

2 나눗셈을 맞게 계산했는지 확인하려고 합니다. □ 안에 알맞은 수를 써넣으세요. **2점**

$$74 \div 6 = 12 \cdots 2$$

$6 \times 12 =$ □ ➡ □ $+2 =$ □

[5단원]

3 □ 안에 알맞은 수를 써넣으세요. **2점**

3150 mL = □ L □ mL

[4단원]

4 ㉠에 알맞은 수를 구하세요. **2점**

54의 $\frac{3}{9}$은 ㉠입니다.

(   )

[1단원]

5 빈칸에 두 수의 곱을 써넣으세요. **3점**

68	37

[5단원]

6 계산을 하세요. **3점**

$12 \text{ kg } 900 \text{ g} - 5 \text{ kg } 840 \text{ g}$

[3단원]

7 오른쪽 그림과 같은 모양을 그리려고 합니다. 컴퍼스의 침을 꽂아야 할 곳은 모두 몇 군데일까요? **3점**

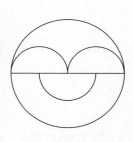

(   )

[2단원]

8 연필 96자루를 5명의 어린이에게 똑같이 나누어 주려고 합니다. 한 어린이에게 몇 자루씩 나누어 줄 수 있고, 몇 자루가 남는지 차례로 구하세요. **3점**

(   ), (   )

[1단원] 의사소통

9 김밥 1줄의 열량은 300킬로칼로리입니다. 도현이네 가족이 먹은 김밥의 열량은 몇 킬로칼로리인지 구하세요. 3점

> 우리 가족은 김밥 2줄을 먹었어.

도현

( )

[5단원]

10 9 L의 페인트를 들이가 3 L 800 mL인 통 1개에 가득 담았습니다. 통에 담고 남은 페인트는 몇 L 몇 mL일까요? 3점

식 _____

답 _____

[1단원]

11 계산 결과가 나머지와 다른 하나를 찾아 기호를 쓰세요. 3점

> ㉠ 48 × 96
> ㉡ 576 × 8
> ㉢ 89 × 52

( )

[5단원]

12 무게가 1 kg 280 g인 선물 상자에 로봇을 넣고 무게를 재어 보니 4 kg 80 g이었습니다. 로봇의 무게는 몇 kg 몇 g일까요? 3점

( )

[1단원]

13 구슬이 한 상자에 87개씩 들어 있습니다. 68상자에 있는 구슬은 모두 몇 개일까요? 3점

( )

[14~15] 마을별 쌀 생산량을 조사하여 그림그래프로 나타내었습니다. 물음에 답하세요.

마을별 쌀 생산량

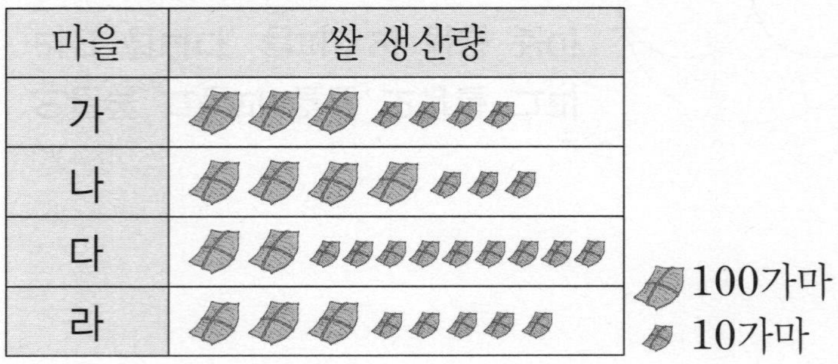

마을	쌀 생산량
가	
나	
다	
라	

🌾100가마
🌾10가마

[6단원] 서술형

14 네 마을의 쌀 생산량은 모두 몇 가마인지 풀이 과정을 쓰고 답을 구하세요. 3점

풀이 _____

_____

_____

_____

답 _____

[6단원]

15 쌀 생산량이 가장 많은 마을과 가장 적은 마을의 쌀 생산량의 차는 몇 가마일까요? 3점

( )

[16~17] 30분에 400 mL씩 물이 새는 수도꼭지가 있습니다. 물음에 답하세요.

[5단원]

16 이 수도꼭지에서 1시간 동안 새는 물은 모두 몇 mL일까요? 3점

( )

[5단원]

17 이 수도꼭지에서 3시간 동안 새는 물은 모두 몇 L 몇 mL일까요? 4점

( )

[1단원] 추론

18 □ 안에 들어갈 수 있는 자연수 중에서 가장 큰 수를 구하세요. 4점

$$24 \times \boxed{} < 447$$

( )

[3단원]

19 가장 큰 원을 찾아 기호를 쓰세요. 4점

> ㉠ 반지름이 10 cm인 원
> ㉡ 지름이 19 cm인 원
> ㉢ 반지름이 9 cm인 원

( )

[4단원] 문제 해결

20 구슬 24개를 4개씩 묶었습니다. 그 중 빨간 구슬이 4개씩 5묶음이라면 빨간 구슬은 전체 구슬 수의 몇분의 몇인지 구하세요. 4점

( )

[6단원]

21 구청의 창구별 방문자 수를 조사하여 표와 그림그래프로 나타내었습니다. 표와 그림그래프를 완성하세요. 4점

구청의 창구별 방문자 수

창구	1번	2번	3번	4번	합계
방문자 수(명)	44	32	51		155

구청의 창구별 방문자 수

창구	방문자 수
1번	☺ ☺ ☺ ☺ ☺ ☺ ☺ ☺
2번	
3번	
4번	

☺10명 ☺1명

[4단원]

22 정류장에서 각 장소까지의 거리를 나타낸 표입니다. 정류장에서 가까운 장소부터 차례로 쓰세요. 4점

학교	편의점	학원
$2\frac{3}{6}$ km	$\frac{9}{6}$ km	$\frac{14}{6}$ km

( )

[3단원]

23 그림과 같이 크기가 같은 원의 중심을 지나는 직사각형 ㄱㄴㄷㄹ의 네 변의 길이의 합은 32 cm입니다. 원 한 개의 반지름은 몇 cm일까요? 4점

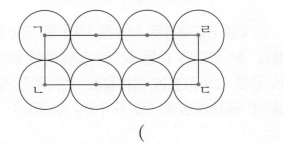

( )

[2단원]　　　　　　　　　　　　　　　 문제 해결

24 오른쪽 그림은 철사를 겹치지 않게 구부려서 만든 직사각형입니다. 이 직사각형의 철사를 펴서 가장 큰 정사각형을 만들었습니다. 만든 정사각형의 한 변의 길이는 몇 cm일까요? 4점

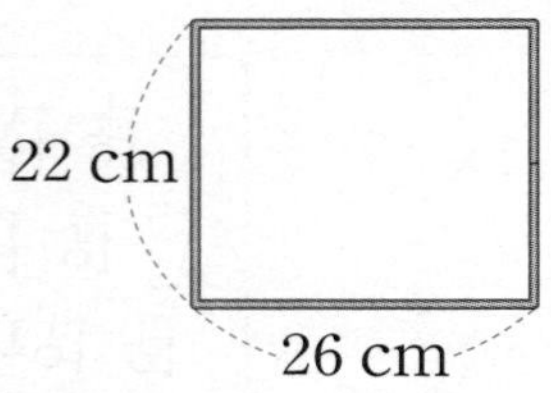

22 cm

26 cm

(　　　　　　　　)

[4단원]

25 민수네 집에 있는 과일 전체의 $\frac{5}{12}$ 는 사과, 나머지는 귤입니다. 귤이 14개라면 사과는 몇 개일까요? 4점

(　　　　　　　　)

[6단원]

26 예은이네 학교 3학년 학생들의 취미를 조사하여 표로 나타내었습니다. 조사한 표를 보고 ◎는 10명, △는 5명, ○는 1명으로 나타내는 그림그래프를 그리려고 합니다. 그림그래프로 나타내세요. 4점

취미별 학생 수

취미	운동	피아노	미술	독서	합계
학생 수(명)	42	18	27	32	119

취미별 학생 수

취미	학생 수
운동	
피아노	
미술	
독서	

◎10명　△5명　○1명

[1단원]

27 자동차는 30분에 59 km를, 오토바이는 15분에 18 km를 달립니다. 자동차와 오토바이가 같은 방향으로 동시에 출발하여 8시간 동안 달렸을 때, 자동차와 오토바이는 몇 km 떨어져 있을까요? 4점

(　　　　　　　　)

[2단원]

28 길이가 같은 색 테이프 4장을 2 cm씩 겹치게 다음과 같이 한 줄로 이어 붙였습니다. 이어 붙인 색 테이프 전체의 길이가 86 cm라고 할 때 색 테이프 한 장의 길이는 몇 cm인지 구하세요. 4점

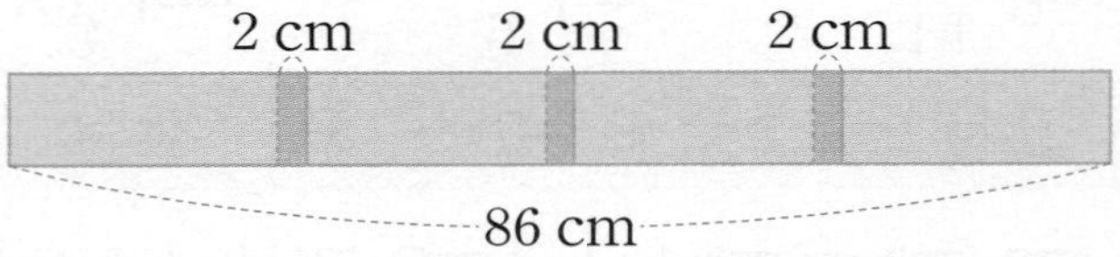

2 cm　　　2 cm　　　2 cm

86 cm

(　　　　　　　　)

[3단원]

29 오른쪽 그림과 같이 큰 원 안에 크기가 같은 4개의 작은 원을 그렸습니다. 작은 원의 지름이 12 cm일 때 직사각형 ㄱㄴㄷㄹ의 네 변의 길이의 합은 몇 cm일까요? 4점

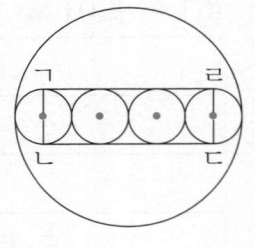

(　　　　　　　　)

[4단원]　　　　　　　　　　　　　　　 서술형

30 분모가 11인 진분수가 2개 있습니다. 두 진분수의 분자의 합은 12이고 두 진분수 사이에는 분모가 11인 진분수가 3개 있습니다. 두 진분수를 구하는 풀이 과정을 쓰고 답을 구하세요. 4점

풀이 _____

_____

_____

_____

답 _____

[1단원]

1 덧셈식을 곱셈식으로 나타내려고 합니다. □ 안에 알맞은 수를 써넣으세요. 2점

$$521+521+521+521$$

➡ ☐ × ☐ = ☐

[5단원]

2 잘못된 것의 기호를 쓰세요. 2점

㉠ 7 L 20 mL = 7020 mL
㉡ 400 kg = 4 t

(   )

[3단원]

3 점 ○은 원의 중심입니다. 원의 반지름은 몇 cm일까요? 2점

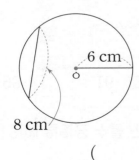

6 cm

8 cm

(   )

[2단원]

4 나누어떨어지는 나눗셈을 찾아 ○표 하세요. 2점

85÷5		95÷3

(   )   (   )

[5단원]

5 들이를 비교하여 ○ 안에 >, =, <를 알맞게 써넣으세요. 3점

1 L 980 mL ◯ 2 L 120 mL

[1단원]

6 지호네 과수원에서 오늘 딴 사과를 상자에 모두 담았더니 한 상자에 39개씩 48상자가 되었습니다. 지호네 과수원에서 오늘 딴 사과는 모두 몇 개일까요? 3점

(   )

[6단원]

7 오늘 어선별 잡은 물고기 양을 조사하여 그림그래프로 나타내었습니다. 오늘 파도호 어선에서 잡은 물고기는 몇 상자일까요? 3점

어선별 잡은 물고기 양

어선	물고기 양
승리호	🐟🐟🐟🐟🐟🐟🐟🐟🐟
파도호	🐟🐟🐟🐟🐟🐟🐟
바다호	🐟🐟🐟🐟🐟🐟

🐟10상자 🐟1상자

(   )

[4단원]

8 가장 큰 것을 찾아 기호를 쓰세요. 3점

㉠ 14의 $\frac{1}{2}$ ㉡ 28의 $\frac{2}{7}$ ㉢ 20의 $\frac{3}{4}$

(   )

[2단원]

9 주영이는 종이학을 175개 접었습니다. 주영이가 접은 종이학을 한 상자에 7개씩 남김없이 모두 담으려고 합니다. 필요한 상자는 몇 개일까요? 3점

(   )

[2단원]

10 나눗셈식에서 □ 안에 알맞은 수를 구하세요. 3점

$$98 \div \boxed{} = 16 \cdots 2$$

(   )

[6단원]

11 어느 고장의 마을별 수박 생산량을 조사하여 표로 나타내었습니다. 표를 보고 그림그래프로 나타내세요. 3점

마을별 수박 생산량

마을	가람	초록	목련	샘터	합계
생산량(통)	2800	1800	2400	2600	9600

마을별 수박 생산량

마을	수박 생산량
가람	
초록	
목련	
샘터	

🍉 1000통
● 200통

[5단원]

12 여행 가방의 무게가 20 kg이 넘으면 비행기에 가지고 탈 수 없습니다. 무게가 1 kg 300 g인 빈 여행 가방에 짐을 몇 kg 몇 g까지 넣으면 비행기에 가지고 탈 수 있을까요? 3점

(   )

[4단원]

13 길이가 $\frac{1}{5}$ m인 막대로 칠판의 긴 쪽의 길이를 재었더니 막대의 길이의 11배였습니다. 칠판의 긴 쪽의 길이는 몇 m인지 대분수로 나타내세요. 3점

(   )

[3단원]

14 주어진 모양을 그리기 위하여 컴퍼스의 침을 꽂아야 하는 곳은 모두 몇 군데인지 구하세요. 3점

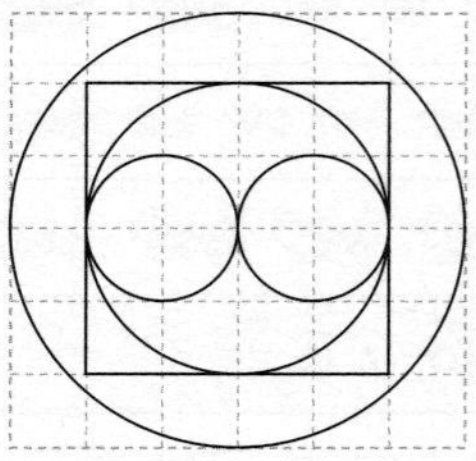

(   )

[3단원]

15 다음 그림은 직사각형 안에 반지름이 8 cm인 원 2개를 겹치지 않게 그린 것입니다. 점 ㄱ, 점 ㄴ은 원의 중심입니다. 직사각형의 가로의 길이는 몇 cm일까요? 3점

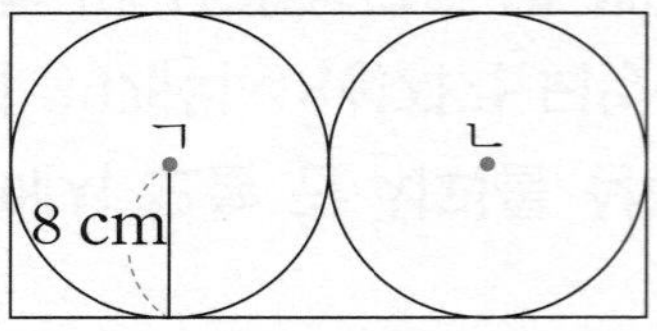

(   )

[5단원]

16 물통에 가득 찬 물을 모두 덜어 내려면 각각의 컵에 물을 가득 담아 ㉮ 컵으로는 28번, ㉯ 컵으로는 25번, ㉰ 컵으로는 30번을 덜어 내야 합니다. 들이가 가장 많은 컵을 쓰세요. 3점

(   )

17 [1단원] 하루는 24시간입니다. 9월은 모두 몇 시간일까요? 4점

(   )

18 [4단원] ▮조건▮을 모두 만족하는 분수를 구하세요. 4점

▮조건▮
• 진분수입니다.
• 분모와 분자를 더하면 9입니다.
• 분모와 분자의 차는 1입니다.

(   )

19 [4단원] 어머니께서 귤을 40개 사 오셨습니다. 그중의 $\frac{1}{4}$은 진우가 먹었고, 진우가 먹은 귤의 $\frac{2}{5}$만큼을 동생이 먹었습니다. 동생이 먹은 귤은 몇 개일까요? 4점

(   )

20 [5단원] 의사소통 알뜰 바자회에서 옷의 무게를 재어 팔기 위하여 저울로 실제 무게를 재어 보니 옷의 무게가 1800 g이었습니다. 옷의 무게에 가장 가깝게 어림한 사람은 누구일까요? 4점

1910 g이야. 지호
1250 g인 것 같아. 도현
1650 g이라구. 유진

(   )

[21~23] 선아네 반 학생들이 모둠별로 모은 빈 병의 수를 조사하여 표로 나타내었습니다. 물음에 답하세요.

모둠별 모은 빈 병의 수

모둠	가	나	다	라	합계
병의 수(개)	15			9	

21 [6단원] ▮조건▮을 모두 만족하도록 표의 빈칸에 알맞은 수를 써넣으세요. 4점

▮조건▮
• 나 모둠이 모은 빈 병의 수는 가 모둠이 모은 빈 병의 수의 2배입니다.
• 가와 다 모둠과 나와 라 모둠이 각각 모은 빈 병의 수의 합은 같습니다.

22 [6단원] 위의 표를 보고 그림그래프로 나타내세요. 4점

모둠별 모은 빈 병의 수

모둠	빈 병의 수
가	
나	
다	
라	

🍶10개
🍶1개

23 [1단원] 융합형 마트에서 빈 병 한 개당 50원씩 돌려 준다고 합니다. 선아네 반 학생들이 모은 빈 병을 마트에 가져다 주면 돌려 받을 수 있는 돈은 모두 얼마일까요? 4점

(   )

[3단원]

서술형

24 큰 원 1개와 크기가 같은 작은 원 3개를 그림과 같이 그렸습니다. 점 ㅇ, 점 ㄴ, 점 ㄷ, 점 ㄹ은 원의 중심입니다. 선분 ㄱㅁ의 길이가 32 cm일 때 작은 원의 반지름은 몇 cm인지 풀이 과정을 쓰고 답을 구하세요. **4점**

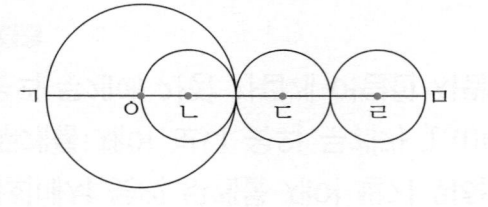

풀이 _____

_____

_____

답 _____

[1단원]

25 4장의 수 카드 3 , 8 , 9 , 6 중에서 2장을 뽑아 한 번씩만 사용하여 두 자리 수를 만들려고 합니다. 만들 수 있는 두 자리 수 중에서 가장 큰 수와 가장 작은 수의 곱을 구했을 때 곱의 십의 자리 숫자는 무엇일까요? **4점**

(   )

[2단원]

26 어떤 수를 5로 나누어야 하는데 잘못해서 어떤 수를 7로 나누었더니 몫이 9이고 나머지가 4가 나왔습니다. 바르게 계산했을 때의 몫과 나머지를 각각 구하세요. **4점**

몫 (   )

나머지 (   )

[1단원]

27 ㉠◎㉡을 다음과 같이 계산할 때 44◎26을 계산하세요. **4점**

> ㉠−㉡=㉢일 때,
> ㉠◎㉡=㉠×㉢입니다.

(   )

[4단원]

서술형

28 민석이는 자전거를 타고 공원을 한 바퀴 도는 데 15분이 걸립니다. 민석이가 자전거를 타고 같은 빠르기로 $1\frac{3}{4}$시간 동안 달린다면 공원을 몇 바퀴 돌 수 있는지 풀이 과정을 쓰고 답을 구하세요. **4점**

풀이 _____

_____

_____

_____

답 _____

[2단원]

29 (몇십몇)÷(몇)의 나눗셈식입니다. □ 안에는 같은 수가 들어간다고 할 때, □ 안에 알맞은 수를 구하세요. **4점**

$$8\boxed{} \div \boxed{} = 12 \cdots 3$$

(   )

[3단원]

30 가로가 25 cm이고 세로가 21 cm인 직사각형 ㄱㄴㄷㄹ의 네 꼭짓점을 원의 중심으로 하여 원의 일부분을 그렸습니다. 선분 ㄹㅅ의 길이는 몇 cm인지 구하세요. **4점**

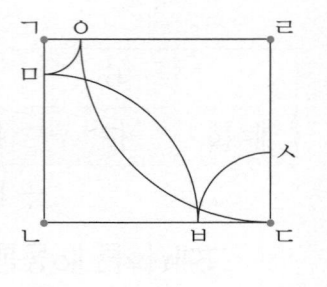

(   )

[4단원]
1 그림을 보고 □ 안에 알맞은 수를 써넣으세요. 2점

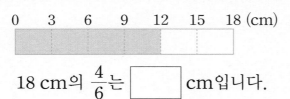

18 cm의 $\dfrac{4}{6}$는 □ cm입니다.

[2단원]
2 빈칸에 알맞은 수를 써넣으세요. 2점

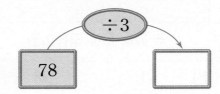

[4단원]
3 그림을 보고 대분수로 나타내어 보세요. 2점

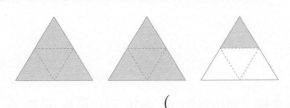

( )

[3단원]
4 □ 안에 알맞은 수를 써넣으세요. 2점

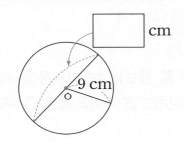

[2단원]
5 나머지가 5가 될 수 <u>없는</u> 나눗셈식을 찾아 기호를 쓰세요. 3점

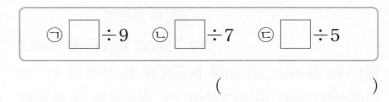

ㄱ □ ÷ 9   ㄴ □ ÷ 7   ㄷ □ ÷ 5

( )

[5단원]
6 욕조의 들이를 가장 가깝게 어림한 것은 어느 것일까요? 3점 ·········· ( )

① 1 mL   ② 10 mL   ③ 100 mL
④ 1 L   ⑤ 10 L

[4단원]
7 진분수를 모두 찾아 쓰세요. 3점

$$2\dfrac{5}{7} \qquad \dfrac{3}{5} \qquad \dfrac{8}{8} \qquad \dfrac{14}{15}$$

( )

[4단원]
8 두 분수 중 더 큰 수를 쓰세요. 3점

$$3\dfrac{1}{5} \qquad 3\dfrac{4}{5}$$

( )

[3단원]

9 지름이 24 cm인 원을 컴퍼스로 그리려고 합니다. 컴퍼스의 침과 연필심 사이의 거리를 몇 cm로 해야 할까요? 3점

( )

[1단원]

10 어느 자전거 공장에서 자전거를 한 시간에 105대씩 만들 수 있습니다. 이 공장에서 쉬지 않고 8시간 동안 만들 수 있는 자전거는 모두 몇 대일까요? 3점

( )

[11~12] 정미네 학교 3학년 학생들이 좋아하는 꽃을 조사하여 나타낸 표와 그림그래프입니다. 물음에 답하세요.

좋아하는 꽃별 학생 수

꽃	개나리	진달래	장미	백합	합계
학생 수(명)	26		43	14	100

좋아하는 꽃별 학생 수

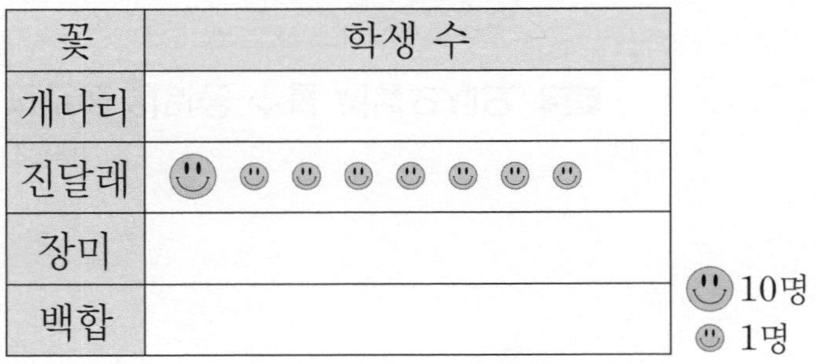

꽃	학생 수
개나리	
진달래	☺ ☺ ☺ ☺ ☺ ☺ ☺ ☺
장미	
백합	

☺10명
☺1명

[6단원]

11 위의 표와 그림그래프를 완성해 보세요. 3점

[6단원]

12 정미네 학교 3학년 학생들이 가장 많이 좋아하는 꽃은 무엇일까요? 3점

( )

[5단원]

13 들이를 비교하여 ○ 안에 >, =, <를 알맞게 써넣으세요. 3점

$$\begin{array}{r} 4\ \text{L}\ 450\ \text{mL} \\ +2\ \text{L}\ 490\ \text{mL} \end{array}$$ ○ 6 L 950 mL

[1단원]

14 책꽂이 한 칸에 책을 9권씩 꽂았습니다. 책꽂이 21칸에 꽂은 책은 모두 몇 권일까요? 3점

( )

[5단원]

15 바닷물 1 L를 증발시키면 35 g의 소금을 얻을 수 있습니다. 바닷물 80 L를 증발시키면 얻을 수 있는 소금은 몇 kg 몇 g일까요? 3점

( )

[2단원]

16 사과가 77개 있습니다. 한 팩에 5개씩 담으면 사과를 몇 팩에 담을 수 있고, 몇 개가 남을까요? 3점

( ), ( )

[6단원]

17 마을별 쌀 생산량을 조사하여 나타낸 그림그래프입니다. 네 마을의 쌀 생산량의 합이 970가마일 때 그림그래프를 완성해 보세요. 4점

마을별 쌀 생산량

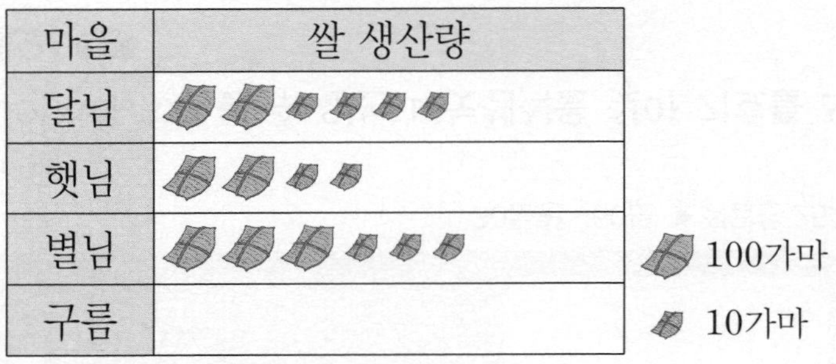

마을	쌀 생산량
달님	🌾🌾🌾🌾🌾🌾
햇님	🌾🌾🌾🌾
별님	🌾🌾🌾🌾🌾🌾
구름	

🌾100가마
🌾10가마

[3단원]

18 가장 작은 원을 찾아 기호를 쓰세요. 4점

> ㉠ 반지름이 10 cm인 원
> ㉡ 지름이 18 cm인 원
> ㉢ 반지름이 11 cm인 원

(   )

[3단원]

19 점 ㄴ과 점 ㄷ은 원의 중심입니다. 삼각형 ㄱㄴㄷ의 세 변의 길이의 합이 42 cm일 때 한 원의 반지름은 몇 cm일까요? 4점

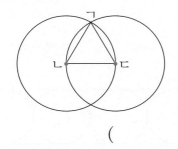

(   )

[6단원]

20 슬기네 가족이 과수원에서 딴 사과 수를 조사하여 나타낸 그림그래프입니다. 슬기네 가족이 딴 사과는 모두 105개이고 어머니가 딴 사과 수는 슬기가 딴 사과 수의 2배일 때 슬기가 딴 사과는 몇 개일까요? 4점

가족별 딴 사과 수

가족	사과 수
아버지	🍎🍎🍎🍎🍎🍎
어머니	
오빠	🍎🍎🍎🍎🍎🍎🍎
슬기	

🍎 10개
🍎 1개

(   )

[5단원]

21 약수터에서 받아 온 물의 양은 아버지가 4 L 750 mL, 어머니가 3850 mL, 지호가 1 L 900 mL입니다. 세 사람이 받아 온 물의 양은 모두 몇 L 몇 mL일까요? 4점

(   )

[1단원]

22 나미와 연주는 밤을 주웠습니다. 나미는 주운 밤을 한 봉지에 19개씩 38봉지에 담았고, 연주는 한 봉지에 28개씩 26봉지에 담았습니다. 누가 주운 밤이 더 많을까요? 4점

(   )

[1단원] 추론

23 ☐ 안에 알맞은 수를 써넣으세요. 4점

$$
\begin{array}{r}
7\ \square \\
\times\ \square\ 6 \\
\hline
4\ 6\ 8 \\
2\ \square\ 4\ 0 \\
\hline
\square\ 8\ 0\ 8 \\
\end{array}
$$

[2단원]

24 학생들이 한 줄에 14명씩 8줄로 서 있습니다. 이 학생들을 한 모둠에 7명씩으로 나누어 한 모둠에 농구공을 한 개씩 나누어 주려고 합니다. 필요한 농구공은 몇 개일까요? 4점

(   )

[6단원]

25 수지네 반과 경호네 반 학생들이 함께 현장 체험 학습으로 가고 싶은 장소를 조사하여 표로 나타내었습니다. 수지네 반과 경호네 반은 어디로 현장 체험 학습을 가면 좋을까요? 4점

현장 체험 학습으로 가고 싶은 장소

장소	박물관	미술관	식물원	고궁	합계
수지네 반 학생 수(명)	4	9	8	7	28
경호네 반 학생 수(명)	5	7	10	3	25

( )

[3단원]

26 그림과 같이 반지름이 4 cm인 원 6개를 이어 붙여서 직사각형을 그렸습니다. 이 직사각형의 네 변의 길이의 합은 몇 cm일까요? 4점

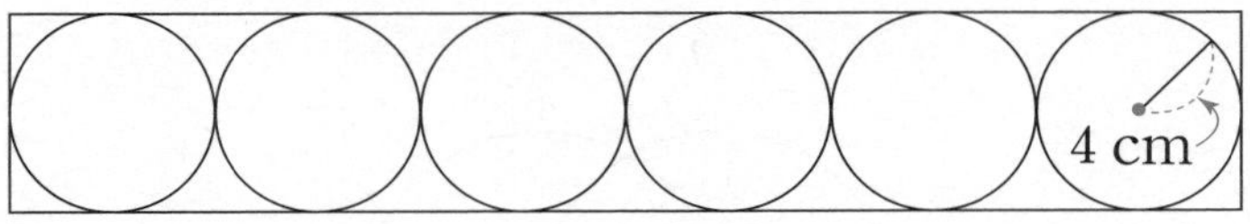

4 cm

( )

[5단원] 서술형

27 주현이가 무게가 2 kg 870 g인 가방을 들고 몸무게를 재어 보니 40 kg 190 g입니다. 주현이가 몸무게가 19 kg 980 g인 동생과 함께 몸무게를 재면 몇 kg 몇 g인지 풀이 과정을 쓰고 답을 구하세요. 4점

풀이 _____

_____

_____

답 _____

[1단원]

28 70과 ▲의 곱에서 ▲와 60의 곱을 뺐더니 860이 되었습니다. ▲의 값은 얼마일까요? 4점

( )

[4단원]

29 시후는 연필을 2타 가지고 있습니다. 그중의 $\frac{1}{6}$을 동생에게 준 다음 나머지의 $\frac{3}{5}$을 친구들에게 주었습니다. 시후에게 남은 연필은 몇 자루일까요? (단, 1타는 12자루입니다.) 4점

( )

[2단원] 서술형

30 길이가 97 cm인 철사를 네 도막으로 잘랐더니 두 도막의 길이는 같고 한 도막은 길이가 같은 두 도막보다 7 cm 짧고 나머지 한 도막은 길이가 같은 두 도막보다 8 cm 길었습니다. 자른 철사 네 도막의 길이는 각각 몇 cm인지 풀이 과정을 쓰고 답을 구하세요. 4점

풀이 _____

_____

_____

_____

_____

답 _____

[1단원]
1 빈칸에 두 수의 곱을 써넣으세요. 2점

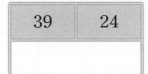

39	24

[3단원]
2 큰 원 안에 크기가 같은 작은 원 2개를 그렸습니다. 큰 원의 지름은 몇 cm일까요? 2점

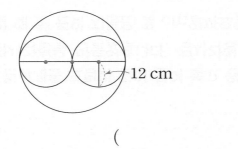

12 cm

( )

[5단원]
3 잘못 나타낸 것을 찾아 기호를 쓰세요. 2점

> ㉠ 8 L 50 mL＝8050 mL
> ㉡ 1906 g＝1 kg 906 g
> ㉢ 7 kg 30 g＝7300 g
> ㉣ 6400 kg＝6 t 400 kg

( )

[2단원]
4 지우개가 57개 있습니다. 이 지우개를 4명에게 똑같이 나누어 주면 한 명에게 몇 개씩 나누어 주고, 몇 개가 남는지 차례로 쓰세요. 2점

( ), ( )

[6단원]
5 마을별 인구를 조사하여 나타낸 그림그래프입니다. 인구가 가장 많은 마을의 인구는 몇 명일까요? 3점

마을별 인구

마을	인구
가람	😊😊😊😊😊😊😊
한솔	😊😊😊😊😊😊
샛별	😊😊😊😊😊😊😊😊
강변	😊😊😊😊😊😊😊

😊100명
😊 10명

( )

[5단원]
6 아버지의 몸무게는 72 kg 600 g이고 어머니는 아버지보다 23 kg 800 g 가볍습니다. 어머니의 몸무게는 몇 kg 몇 g일까요? 3점

( )

[2단원]
7 색종이가 110장 있습니다. 이 색종이를 8명의 학생들에게 남김없이 똑같이 나누어 주려고 합니다. 색종이는 적어도 몇 장 더 필요할까요? 3점

( )

[6단원]
8 희은이네 모둠 학생들이 1년 동안 읽은 책의 수를 조사하여 표로 나타내었습니다. 태수가 읽은 책은 몇 권일까요? 3점

학생별 읽은 책의 수

이름	희은	효경	민수	태수	합계
책의 수(권)	26	39	43		140

( )

[4단원]

9 더 큰 수를 찾아 쓰세요. 3점

$$\frac{35}{8} \qquad 3\frac{5}{8}$$

( )

[3단원]

10 자와 컴퍼스를 사용하여 다음과 같은 모양을 그릴 때 컴퍼스의 침을 꽂아야 할 곳은 몇 군데일까요? 3점

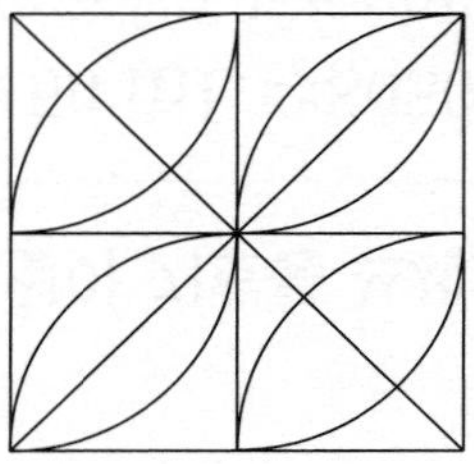

( )

[3단원]

11 크기가 같은 원 4개를 그림과 같이 붙여 놓고 원의 중심을 이어 정사각형을 만들었습니다. 정사각형의 한 변이 8 cm일 때 한 원의 지름은 몇 cm일까요? 3점

( )

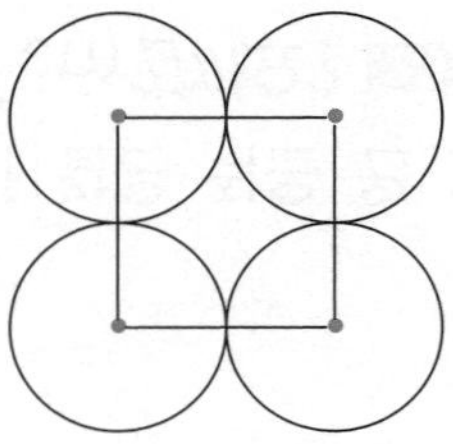

[4단원]   추론

12 3장의 수 카드를 한 번씩만 사용하여 만들 수 있는 가장 큰 대분수를 가분수로 나타내어 보세요. 3점

| 2 | 7 | 9 |

( )

[1단원]

13 어느 공장에 1분 동안 일정한 빠르기로 2바퀴를 회전하는 톱니바퀴가 있습니다. 톱니바퀴가 쉬지 않고 27분 동안 회전했다면 모두 몇 바퀴를 회전했을까요? 3점

( )

[4단원]

14 아현이가 등산하는 데 9시간이 걸렸습니다. 등산한 시간은 하루 전체 시간의 몇 분의 몇인지 나타낸 것을 모두 찾아 기호를 쓰세요. 3점

$$\bigcirc \ \frac{1}{3}\text{시간} \qquad \bigcirc \ \frac{3}{8}\text{시간}$$
$$\bigcirc \ \frac{4}{12}\text{시간} \qquad \bigcirc \ \frac{9}{24}\text{시간}$$

( )

[3단원]

15 크기가 같은 원 4개를 원의 중심이 지나도록 겹쳐서 그린 후 직사각형을 그린 것입니다. 한 원의 지름은 몇 cm일까요? 3점

95 cm

( )

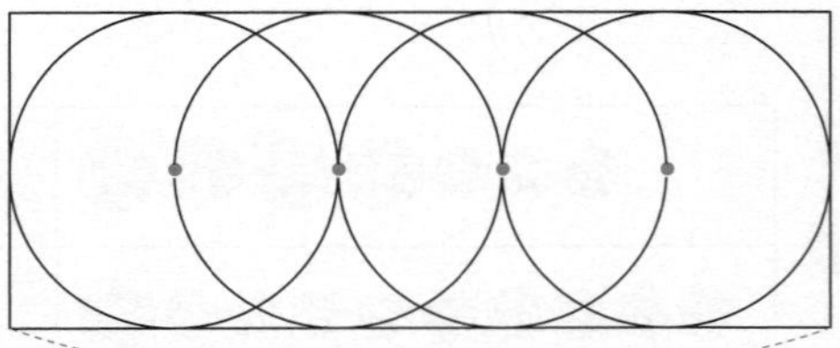

[2단원]

16 25보다 크고 35보다 작은 수 중에서 7로 나누었을 때 나머지가 3인 수를 구하세요. 3점

( )

17 [5단원] 항아리에 간장이 담겨 있습니다. 이 항아리에서 들이가 950 mL인 바가지로 간장을 가득 담아 3번 덜어 냈다면 항아리에서 덜어 낸 간장은 몇 L 몇 mL일까요? 4점

(   )

18 [3단원] 점 ㄱ은 원의 중심입니다. 삼각형 ㄱㄴㄷ의 세 변의 길이의 합이 39 cm일 때 원의 반지름은 몇 cm일까요? 4점

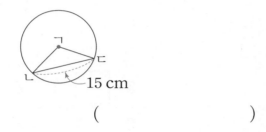

15 cm

(   )

19 [5단원] 서술형
들이가 1 L 500 mL인 주전자와 2 L인 냄비를 사용하여 수조 5 L에 물을 가득 채우려면 어떻게 해야 하는지 식과 함께 설명해 보세요. 4점

1 L 500 mL   2 L   5 L

설명 _____

_____

식 _____

_____

20 [2단원] ㉠과 ㉡의 합을 구하세요. 4점

$$170 \div 6 = ㉠ \cdots ㉡$$

(   )

21 [1단원] 추론
수 카드 4 , 9 , 6 , 7 을 한 번씩만 사용하여 (세 자리 수)×(한 자리 수)의 곱셈식을 만들려고 합니다. 계산 결과가 가장 큰 곱셈식을 만들고 계산해 보세요. 4점

☐ ☐ ☐ × ☐

(   )

22 [6단원] 가게별 배추 판매량을 조사하여 나타낸 그림그래프입니다. 맛나 가게의 배추 판매량이 싱싱 가게의 배추 판매량의 2배일 때 네 가게의 배추 판매량은 모두 몇 포기일까요? 4점

가게별 배추 판매량

가게	판매량
싱싱	🥬🥬🥬🥬🥬🥬
싸다	🥬🥬🥬🥬🥬🥬🥬
맛나	
좋은	🥬🥬🥬🥬🥬🥬

🥬 10포기　🥬 1포기

(   )

23 [6단원] 기영이의 요일별 컴퓨터 사용 시간을 조사하여 표로 나타내었습니다. 토요일의 컴퓨터 사용 시간이 일요일보다 15분 더 길 때 토요일의 컴퓨터 사용 시간은 몇 분일까요? 4점

요일별 컴퓨터 사용 시간

요일	월	화	수	목	금	토	일	합계
시간(분)	45	30	35	25	40			260

(   )

24 [6단원]
서희네 학교 근처의 꽃집에서 지난주에 팔린 꽃을 조사하여 나타낸 표와 그림그래프입니다. 사랑 꽃집의 판매량과 소망 꽃집의 판매량이 같을 때 표와 그림그래프를 완성해 보세요. 4점

꽃집별 꽃 판매량

꽃집	희망	사랑	소망	행복	합계
판매량(다발)	20			36	82

꽃집별 꽃 판매량

꽃집	판매량
희망	🌷🌷
사랑	
소망	
행복	🌷🌷🌷🌷🌷🌷🌷

🌷 10다발 🌷 1다발

25 [1단원] 추론
□ 안에 알맞은 수를 써넣으세요. 4점

$$
\begin{array}{ccccc}
 & 7 & 2 & \square \\
\times & & & 3 \\
\hline
2 & 1 & \square & 2 \\
\end{array}
$$

26 [2단원] 융합형
헬륨 가스 10 L의 무게는 3 g이고 풍선 1개의 무게는 2 g입니다. 풍선 1개에 헬륨 가스를 10 L씩 넣었을 때 헬륨 가스를 넣은 풍선 여러 개의 무게가 120 g이라면 풍선은 몇 개일까요? 4점

( )

27 [4단원]
소현이는 동화책을 전체의 $\frac{4}{5}$만큼 읽고 남은 쪽수를 세어 보니 28쪽이었습니다. 소현이가 읽은 부분은 모두 몇 쪽일까요? 4점

( )

28 [1단원] 서술형
과수원에서 사과, 배, 감을 땄습니다. 딴 사과는 284개이고, 배는 한 상자에 20개씩 23상자였습니다. 딴 사과, 배, 감이 모두 900개일 때 과수원에서 딴 감은 몇 개인지 풀이 과정을 쓰고 답을 구하세요. 4점

풀이 _____

_____

_____

_____

답 _____

29 [4단원]
어느 빵집에서 오전에 만든 빵의 $\frac{3}{4}$만큼을 오전에 팔았습니다. 오후에는 오후에 만든 빵 200개와 오전에 팔고 남은 빵을 모두 팔았습니다. 오전에 판 빵의 수와 오후에 판 빵의 수가 같을 때 오전에 만든 빵은 몇 개일까요? (단, 빵집에서는 그날 만든 빵만 팝니다.) 4점

( )

30 [5단원]
무게가 똑같은 과자 여러 개와 무게가 똑같은 빵 여러 개의 무게를 재었습니다. 과자 10개와 빵 8개의 무게의 합은 1 kg 210 g이고, 과자 6개와 빵 4개의 무게의 합은 630 g입니다. 과자 1개와 빵 1개의 무게는 각각 몇 g일까요? 4점

과자 ( )
빵 ( )

[4단원]

1 가분수를 대분수로 나타낸 것입니다. ㉠과 ㉡을 각각 구하세요. 2점

$$\frac{47}{9} = ㉠\frac{㉡}{9}$$

㉠ (   )

㉡ (   )

[5단원]

2 무거운 것부터 순서대로 기호를 쓰세요. 2점

㉠ 8 kg   ㉡ 7995 g   ㉢ 3 t

(   )

[2단원]

3 (몇십몇)÷(몇)의 나눗셈을 하고 맞게 계산했는지 확인한 식이 ┃보기┃와 같습니다. 계산한 나눗셈식을 쓰고 몫과 나머지를 각각 구하세요. 2점

┃보기┃

$$7 \times 13 = 91 \rightarrow 91 + 6 = 97$$

식 [   ] ÷ [   ] = [   ] ··· [   ]   _____

몫 _____

나머지 _____

[5단원]

4 들이의 차를 구하세요. 2점

6 L 430 mL   2 L 350 mL

(   )

[3단원]

5 두 점은 각각 원의 중심입니다. 큰 원의 지름은 몇 cm일까요? 3점

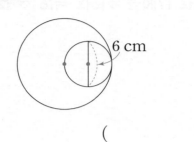

6 cm

(   )

[6단원]

6 민호네 반 학생들이 좋아하는 운동을 조사하여 표로 나타내었습니다. 야구를 좋아하는 학생 수는 농구를 좋아하는 학생 수의 몇 배일까요? 3점

좋아하는 운동별 학생 수

운동	야구	축구	달리기	농구	합계
학생 수(명)	9	11	7	3	30

(   )

[1단원]

7 계산 결과를 비교하여 ○ 안에 >, =, <를 알맞게 써넣으세요. 3점

$$386 \times 8 \bigcirc 3002$$

[4단원]

8 분모가 9인 분수 중에서 $\frac{12}{9}$보다 작은 가분수를 모두 쓰세요. 3점

(   )

[2단원]

9 체육 시간에 125명이 짝짓기 놀이를 했습니다. 9명씩 짝을 지었을 때 짝을 짓지 못하고 남은 학생은 몇 명일까요? 3점

( )

[6단원]

10 마을별 초등학생 수를 조사하여 나타낸 그림그래프입니다. 라 마을의 초등학생 수는 가 마을의 초등학생 수보다 몇 명 더 많을까요? 3점

마을별 초등학생 수

마을	초등학생 수
가	
나	
다	
라	

👤100명
👤10명

( )

[4단원]

11 $3\frac{2}{8}$보다 크고 $3\frac{7}{8}$보다 작은 대분수 중 분모가 8인 대분수는 모두 몇 개일까요? 3점

( )

[6단원]

12 세윤이와 친구들이 한 달 동안 읽은 책의 수를 조사하여 나타낸 그림그래프입니다. 네 사람이 읽은 책은 모두 몇 권일까요? 3점

학생별 읽은 책의 수

이름	책의 수
세윤	
승민	
주연	
진원	

📗10권
📖1권

( )

[3단원]

13 점 ㅇ은 원의 중심입니다. 삼각형 ㄱㅇㄴ의 세 변의 길이의 합은 몇 cm일까요? 3점

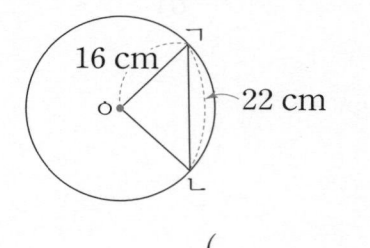

( )

[1단원]

14 야구공이 38개씩 20상자 있고 탁구공이 986개 있습니다. 어느 공이 더 많을까요? 3점

( )

[5단원]

15 ㉮ 그릇에 가득 담은 모래의 무게는 1 kg 955 g이고 ㉯ 그릇에 가득 담은 모래의 무게는 4 kg 840 g입니다. 어느 그릇에 담은 모래가 몇 kg 몇 g 더 무거울까요? 3점

( ), ( )

[1단원]

16 □ 안에 들어갈 수 있는 자연수 중에서 가장 작은 수를 구하세요. 3점

$$57 \times \boxed{} > 3901$$

( )

17 [6단원]

어느 지역에 마을별 초등학교 입학생 수를 조사하여 나타낸 그림그래프입니다. 👤을 50명, 👤을 10명으로 하여 그림그래프를 다시 그리면 별빛 초등학교의 👤 그림은 몇 개일까요? 4점

마을별 초등학교 입학생 수

마을	입학생 수
금빛	👤👤👤👤👤👤
은빛	👤👤👤👤
별빛	👤👤👤👤👤👤
달빛	👤👤👤👤👤👤👤

👤 100명
👤 10명

(   )

18 [3단원]

점 ㄴ과 점 ㄹ은 원의 중심입니다. 사각형 ㄱㄴㄷㄹ의 네 변의 길이의 합이 58 cm일 때 작은 원의 반지름은 몇 cm일까요? 4점

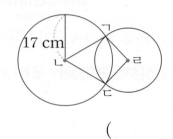

(   )

19 [5단원] 융합형

승용차를 타고 10 km를 가는 데 1 kg 200 g의 이산화탄소가 발생합니다. 승훈이네 가족이 승용차를 타고 50 km 떨어진 할머니 댁을 가는 데 발생시킨 이산화탄소 배출량은 몇 kg인지 구하세요. 4점

(   )

20 [2단원]

50과 90 사이의 두 자리 수를 9로 나누면 나누어떨어지고, 7로 나누면 나머지가 4가 됩니다. 두 자리 수를 구하세요. 4점

(   )

21 [2단원] 추론

□ 안에 알맞은 수를 써넣으세요. 4점

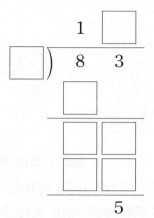

22 [3단원]

정사각형 안에 크기가 같은 원을 4개 그렸습니다. 정사각형 ㄱㄴㄷㄹ의 네 변의 길이의 합은 정사각형 ㅁㅂㅅㅇ의 네 변의 길이의 합의 몇 배일까요? 4점

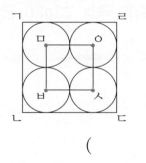

(   )

23 [4단원] 서술형

어떤 수의 $\frac{2}{3}$는 24입니다. 어떤 수의 $\frac{1}{4}$은 얼마인지 풀이 과정을 쓰고 답을 구하세요. 4점

풀이 _____

_____

_____

답 _____

[6단원]

24 은애와 주호네 모둠 학생들이 좋아하는 아이스크림 맛을 조사하여 표로 나타내었습니다. 은애와 주호네 모둠 학생들에게 줄 아이스크림을 산다면 어떤 맛을 사는게 좋을까요? 4점

좋아하는 아이스크림 맛

맛	딸기	사과	초콜릿	바나나	합계
은애네 모둠 학생 수(명)	3	4	4	2	13
주호네 모둠 학생 수(명)	2	5	3	1	11

( )

[4단원]

25 누나는 철사 24 m를 사용했고, 호영이는 63 m인 철사의 $\frac{2}{9}$를 사용했습니다. 누나와 호영이가 사용한 철사는 모두 몇 m일까요? 4점

( )

[5단원]

26 1분 동안 4500 mL의 물이 들어오고 3 L 100 mL의 물이 빠져 나가는 물통이 있습니다. 4분 후에 이 물통에 남은 물은 몇 L 몇 mL일까요? 4점

( )

[2단원]

27 길이가 98 m인 도로 양쪽에 처음부터 끝까지 같은 간격으로 의자 16개를 설치하려고 합니다. 의자와 의자 사이의 간격은 몇 m로 해야 할까요? (단, 의자의 길이는 생각하지 않습니다.) 4점

( )

[1단원] 서술형

28 길이가 57 cm인 색 테이프 15장을 그림과 같이 12 cm씩 겹쳐서 이어 붙였습니다. 이어 붙인 색 테이프의 전체 길이는 몇 cm인지 풀이 과정을 쓰고 답을 구하세요. 4점

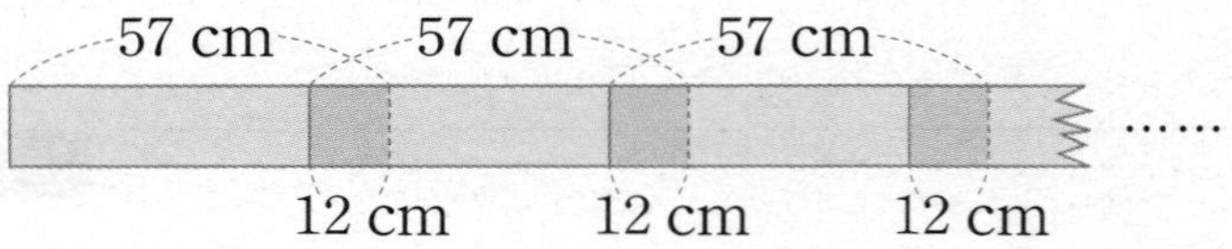

풀이 _____

_____

_____

답 _____

[1단원] 추론

29 어떤 두 수의 합은 92이고 차는 26입니다. 두 수의 곱을 구하세요. 4점

( )

[3단원]

30 그림과 같은 규칙으로 반지름이 2 cm인 원을 이어 붙인 다음 원의 중심을 이어 삼각형을 그렸습니다. 삼각형의 세 변의 길이의 합이 60 cm인 모양에 그린 원은 모두 몇 개일까요? 4점

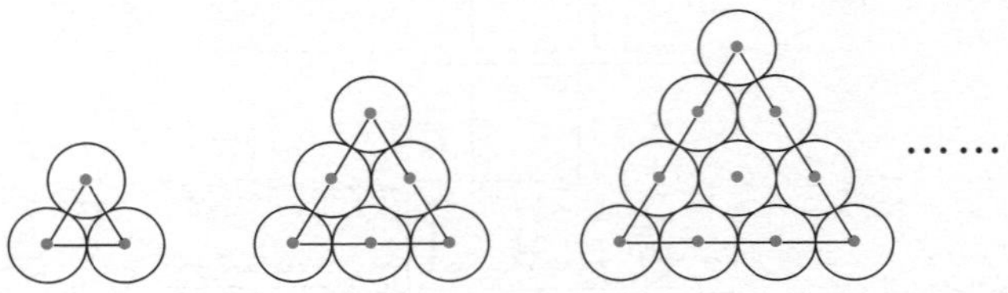

( )

정답 및 풀이

대표유형 ❶	6, 15, 9 / 600, 150, 9, 759 / 759
대표유형 ❷	30, 1200 / 1200
대표유형 ❸	840, 63, 840, 63, 903 / 903

1 (1) 468　(2) 2735
2 ⓒ
3 10, 342, 10, 3420
4 240
5 112, 320, 432
6 141, 376
7 예 4800 / 792, 6, 4752
8
```
      4 8
  ×   4 6
    2 8 8
  1 9 2 0
  2 2 0 8
```
9 <
10 $30 \times 70 = 2100$, 2100개
11 203
12 ㉠
13 834명
14 (위에서부터) 6, 8
15 600개
16 840, 2520
17 7, 4
18 4
19 3026
20 726킬로칼로리

풀이

1 (1)
```
    2 3 4
  ×     2
    4 6 8
```
(2)
```
      2 3
    5 4 7
  ×     5
  2 7 3 5
```

> **주의**
>
> 일의 자리, 십의 자리 계산에서 올림한 수를 빠뜨리지 않고 더합니다.

2 (몇십)×(몇십)은 (몇)×(몇)의 계산 결과 뒤에 0을 2개 붙여 써 줍니다. 따라서 $8 \times 6 = 48$에서 8은 ⓒ에 써야 합니다.

3 (몇십몇)×(몇십)은 (몇십몇)×(몇)의 계산 결과의 10배와 같습니다.
$$38 \times 90 = 38 \times 9 \times 10$$
$$= 342 \times 10 = 3420$$

> **참고**
>
> 38에 90의 9를 먼저 곱한 다음 10을 곱하는 계산 방법입니다.

4 $\boxed{6}$은 60, $\boxed{4}$는 4를 나타내므로 두 수의 곱이 나타내는 값은 $60 \times 4 = 240$입니다.

6
```
      3              8
  ×  4 7         ×  4 7
    2 1             5 6
  1 2 0           3 2 0
  1 4 1 ,        3 7 6
```

7 792를 800으로 어림하여 6을 곱해서 4800으로 어림합니다.
덧셈식: $\underbrace{792 + 792 + 792 + 792 + 792 + 792}_{6번}$
➔ 곱셈식: $792 \times 6 = 4752$

8 48과 십의 자리 4를 곱한 값은
$48 \times 40 = 1920$입니다.

9
```
      3 9
  ×   2 6
    2 3 4
    7 8 0
  1 0 1 4
```
➔ $1014 < 1024$

10 (달걀의 수) $= 30 \times 70$
$= 2100$(개)

11 $29 > 21 > 7$이므로
가장 작은 수: 7, 가장 큰 수: 29
➔ $7 \times 29 = 203$

12 ㉠ $27 \times 30 = 810 > 800$
ⓒ $39 \times 13 = 507 < 800$
따라서 계산 결과가 800보다 큰 것은 ㉠입니다.

13 (비행기에 탄 승객 수)
　=(비행기 한 대에 탄 승객 수)×(비행기 수)
　=417×2=834(명)

14
```
      9
  ×  7 ㉠
 ─────────
  6 ㉡ 4
```
9×㉠에서 일의 자리가 4이므로
㉠=6입니다.
9×7=63과 5를 더한 값이 68이므로
㉡=8입니다.

15 (24상자에 들어 있는 호두과자 수)
　=(한 상자에 들어 있는 호두과자 수)
　　×(상자 수)
　=25×24=600(개)

16 14×60=840, 840×3=2520

17 계산 결과가 가장 크려면 가장 큰 수를 ㉠에 놓고, 두 번째로 큰 수를 ㉡에 놓습니다.
　➡ 7×94=658

> **참고**
> 가장 큰 수인 7을 ㉡에 놓고, 두 번째로 큰 수인 4를 ㉠에 놓으면 4×97=388이므로 계산 결과가 가장 큰 곱셈식이 아닙니다.

18 287은 약 300입니다. 300×4=1200이므로 □ 안에 4를 넣고 계산해 보면 287×4=1148이고 287×5=1435입니다. 따라서 □ 안에 들어갈 수 있는 자연수는 5보다 작은 수이므로 이 중 가장 큰 수는 4입니다.

19 어떤 수를 □라 하면 □+34=123,
　□=123-34=89입니다.
　따라서 바르게 계산하면 89×34=3026입니다.

20 삶은 고구마 4개는
　157×4=628(킬로칼로리),
　사과 1개는 98킬로칼로리입니다.
　따라서 은정이가 먹은 간식의 열량은
　628+98=726(킬로칼로리)입니다.

2회 대표유형·기출문제 7~9쪽

대표유형 ❶ 30 / 30
대표유형 ❷ 5, 2, 7, 3, 2, 3, ㉡ / ㉡
대표유형 ❸ 36, 7, 1, 7, 1 / 7명, 1자루
대표유형 ❹ 13, 1, 7, 13, 1 / 7, 13, 1

1 3, 30　　　　**2** 3, 21, 2

3 (1)
```
      1 5 9
  6 ) 9 5 4
      6
   ─────
      3 5
      3 0
   ─────
        5 4
        5 4
   ─────
          0
```
(2)
```
      1 5 6
  5 ) 7 8 2
      5
   ─────
      2 8
      2 5
   ─────
        3 2
        3 0
   ─────
          2
```

4 ⑤

5
```
      1 1
  7 ) 8 1
      7
   ─────
      1 1
        7
   ─────
        4
```
6
```
      1 2
  8 ) 9 7
      8
   ─────
      1 7
      1 6
   ─────
        1
```
/ 7, 11, 4, 81

7 28　　　　**8** 54
9 ㉡　　　　**10** 69개
11 ④　　　　**12** 16
13 285÷9에 ○표　**14** 6명
15 410÷4=102…2 / 102장, 2장
16 75÷4=18…3 / 18 / 3
17 64　　　　**18** 38
19 4　　　　**20** 11개

풀이

1 나누는 수가 같을 때 나누어지는 수가 10배가 되면 몫도 10배가 됩니다.
　6÷2=3 ➡ 60÷2=30

2　　　　　　65÷3=21…2
　나누어지는 수 ↗ ↑ ↑ ↑
　　　　　나누는 수　몫　나머지

4 나머지는 나누는 수보다 항상 작아야 합니다. 따라서 나누는 수가 9이므로 나머지는 9보다 작아야 합니다.

5
```
      1 1 ← 몫
  7 ) 8 1
      7
      1 1
        7
        4 ← 나머지
```
(나누는 수)×(몫)에 나머지를 더하면 나누어지는 수가 됩니다.
$81 \div 7 = 11 \cdots 4$
$7 \times 11 = 77$ ➜ $77 + 4 = 81$

6 나머지 9가 8보다 크므로 몫의 일의 자리를 1 크게 합니다.

7
```
      2 8
  3 ) 8 4
      6
      2 4
      2 4
        0
```

8 나누는 수와 몫의 곱에 나머지를 더하면 나누어지는 수가 됩니다.
$4 \times 13 = 52$ ➜ $52 + 2 = 54$

9 ㉠ $90 \div 6 = 15$ ㉡ $70 \div 5 = 14$
➜ ㉠ $15 >$ ㉡ 14

10
```
      6 9
  5 ) 3 4 5
      3 0
        4 5       ➜ 345÷5=69(개)
        4 5
          0
```

11 ① $55 \div 6 = 9 \cdots 1$
② $64 \div 6 = 10 \cdots 4$
③ $74 \div 6 = 12 \cdots 2$
④ $84 \div 6 = 14$
⑤ $92 \div 6 = 15 \cdots 2$

12 가장 큰 수: 80, 가장 작은 수: 5
➜ $80 \div 5 = 16$

13 $250 \div 6 = 41 \cdots 4$, $285 \div 9 = 31 \cdots 6$
나머지의 크기를 비교하면 $4 < 6$입니다.

> **주의**
>
> 몫의 크기를 비교하면 안 됩니다.

14 $94 \div 8 = 11 \cdots 6$
➜ 8명씩 11줄로 서고 마지막 줄에는 6명이 서게 됩니다.

15 $410 \div 4 = 102 \cdots 2$
➜ 한 명에게 102장씩 줄 수 있고, 2장이 남습니다.

16 나누는 수와 몫의 곱에 나머지를 더하면 나누어지는 수가 됩니다.
$4 \times 18 = 72$ ➜ $72 + 3 = 75$
나누는 수   몫   나머지   나누어지는 수

17 어떤 수를 □라 하면 □÷5=12⋯4입니다.
$5 \times 12 = 60$ ➜ $60 + 4 = 64$이므로
□$= 64$입니다.

18 • $69 \div 3 = 23$이므로 ㉠=23입니다.
• $87 \div 7 = 12 \cdots 3$이므로 ㉡=12, ㉢=3입니다.
➜ ㉠+㉡+㉢$= 23 + 12 + 3 = 38$

19
```
        1 △
  7 ) 8 □
      7
      1 □
      1 □
        0
```
8에는 7이 1번 들어가므로 1□가 7로 나누어떨어져야 합니다.
따라서 $7 \times 2 = 14$이므로 △=2이고 □=4입니다.

20 정사각형 한 개를 만드는 데 필요한 철사의 길이는 $2 \times 4 = 8$ (cm)입니다.
$92 \div 8 = 11 \cdots 4$이므로 정사각형을 11개까지 만들 수 있습니다.

3회 대표유형·기출문제 10~12쪽

대표유형 1 4 / 4 cm
대표유형 2 반지름, 7, 14 / 14 cm
대표유형 3 2, 6 / 6 cm
대표유형 4 같고에 ○표, 1 /

1 1
2 10 cm
3 11 cm
4 ㉢
5

6 선분 ㄷㄹ
7 5군데
8 16 cm
9 6 cm
10

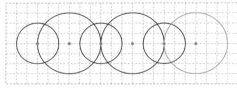

11 1, 1
12 14 cm
13 6 cm
14 24 cm
15 ㉡
16 22 cm
17 30 cm
18 12 cm
19 9 cm
20 10 cm

풀이

1 한 원에는 원의 중심이 1개 있습니다.

2 원의 반지름은 원의 중심에서 원 위의 한 점을 이은 선분이므로 5 cm입니다.
원의 지름은 원의 반지름의 2배이므로
(원의 지름)=5×2=10 (cm)입니다.

3 원 안에 그을 수 있는 가장 긴 선분은 원 위의 두 점을 이은 선분이 원의 중심을 지날 때입니다.

4 컴퍼스의 침과 연필심 사이가 3 cm인 그림을 찾습니다.

5 컴퍼스의 침을 꽂아야 할 곳은 원의 중심이 되는 곳으로 3군데입니다.

6 반지름은 원의 중심과 원 위의 한 점을 이은 선분이므로 반지름이 아닌 것은 선분 ㄷㄹ 입니다.

7

큰 원을 그리는 데 1군데, 작은 반원을 그리는 데 4군데 꽂아야 하므로 모두 5군데에 침을 꽂아야 합니다.

8 (원의 반지름)=8 cm
(선분 ㄱㄴ)=(원의 지름)
＝(원의 반지름)×2
＝8×2
＝16 (cm)

9 컴퍼스의 침과 연필심 사이의 거리는 원의 반지름과 같습니다.
➡ 12÷2=6 (cm)

10 원의 중심은 오른쪽으로 모눈 3칸씩 이동하고, 원의 반지름이 모눈 2칸, 3칸인 원을 번갈아가며 그리는 규칙입니다.

11 원의 중심은 아래쪽으로 모눈 1칸씩 이동하고, 원의 반지름이 모눈 2칸, 3칸, 4칸, 5칸으로 모눈 1칸씩 늘어납니다.

12 (원의 반지름)=(원의 지름)÷2
＝28÷2
＝14 (cm)

13 (작은 원의 반지름)=4÷2
＝2 (cm)
(큰 원의 반지름)=8÷2
＝4 (cm)
➡ (선분 ㄱㄴ)=2+4
＝6 (cm)

14 큰 원의 지름은 작은 원의 반지름의 4배와 같습니다.
따라서 (큰 원의 지름)=6×4=24 (cm) 입니다.

15 지름을 구하면
㉠ 43 cm, ㉡ 22×2=44 (cm), ㉢ 41 cm
따라서 44>43>41이므로 가장 큰 원은 ㉡입니다.

16 (효진이가 그린 원의 반지름)
=8+3
=11 (cm)
원의 지름은 원의 반지름의 2배이므로
(효진이가 그린 원의 지름)
=11×2=22 (cm)입니다.

17 • 선분 ㄱㄹ과 선분 ㄱㄴ은 반지름이 6 cm인 원의 반지름입니다.
• 선분 ㄷㄹ과 선분 ㄷㄴ은 반지름이 9 cm인 원의 반지름입니다.
(선분 ㄱㄴ)=(선분 ㄱㄹ)=6 cm
(선분 ㄷㄴ)=(선분 ㄷㄹ)=9 cm
➡ (사각형 ㄱㄴㄷㄹ의 네 변의 길이의 합)
=6+9+9+6
=30 (cm)

18 가장 큰 원의 지름은 가장 작은 원과 중간 원의 지름의 합과 같습니다.
(가장 작은 원의 지름)=5×2=10 (cm)
(중간 원의 지름)=7×2=14 (cm)
따라서 가장 큰 원의 지름은
10+14=24 (cm)이므로
반지름은 24÷2=12 (cm)입니다.

19 선분 ㄱㄴ의 길이는 원의 반지름의 7배입니다.
따라서 (원의 반지름)=63÷7=9 (cm)입니다.

20 삼각형의 한 변은 원의 반지름과 같습니다.
삼각형의 한 변은 15÷3=5 (cm)이므로
(선분 ㄱㄹ)=(원의 지름)
=5×2=10 (cm)입니다.

1회 단원 모의고사 13~16쪽

1 ㉢
2 5, 525
3 ㉡
4 1092
5 97, 1
6 12 cm
7
```
        2 5  / 25, 75 / 75, 1, 76
   3 ) 7 6
       6
       1 6
       1 5
           1
```
8 >
9 196개
10
```
      7 6
    ×  5 3
    2 2 8
  3 8 0 0
  4 0 2 8
```
11 83×45에 ○표
12 14모둠, 3명
13 ㉡
14 570장
15 13 cm
16 ㉡
17 ㉡
18 19일
19 (모범 답안) ❶ 어떤 수를 □라 하면
□+68=144, □=144−68, □=76 입니다.
❷ 따라서 바르게 계산하면
76×68=5168입니다. **답** 5168
20 14분
21 (모범 답안) ❶ (딴 전체 사과의 수)
=39+35+28=102(개)
❷ 따라서 세 사람이 똑같이 나누어 가지면 한 사람이 갖게 되는 사과는
102÷3=34(개)입니다. **답** 34개
22 62
23 6, 3
24 9 cm
25 44 cm
26 8 cm
27 50 cm
28 128 cm
29 7, 6, 2 / 38
30 86, 94

풀이

1 원의 중심은 원의 한가운데에 있는 점입니다. ➡ 점 ㉢

2 105를 5번 더한 값은 105×5와 같습니다.

$$\begin{array}{r} \overset{2}{} \\ 1\ 0\ 5 \\ \times\quad\ 5 \\ \hline 5\ 2\ 5 \end{array}$$

3 $8 \times 3 = 24$에서 2는 ㉠에, 4는 ㉡에 써야 합니다.

4
$$\begin{array}{r} \overset{2}{}\overset{1}{} \\ 2\ 7\ 3 \\ \times\quad\ 4 \\ \hline 1\ 0\ 9\ 2 \end{array}$$

5
$$\begin{array}{r} 9\ 7 \leftarrow \text{몫} \\ 4\ )\overline{3\ 8\ 9} \\ 3\ 6 \\ \hline 2\ 9 \\ 2\ 8 \\ \hline 1 \leftarrow \text{나머지} \end{array}$$

6 원의 지름은 원의 반지름의 2배입니다.
반지름이 6 cm이므로 원의 지름은
$6 \times 2 = 12$ (cm)입니다.

8 $96 \div 4 = 24$
➡ $30 > 24$

9 (초콜릿의 수)
  =(한 상자에 들어 있는 초콜릿의 수)
    ×(상자 수)
  =$7 \times 28 = 196$(개)

11 $49 \times 60 = 2940$, $83 \times 45 = 3735$
➡ $2940 < 3735$

12 $87 \div 6 = 14 \cdots 3$이므로 14모둠을 만들 수 있고, 3명이 남습니다.

13 지름을 각각 구하면 ㉠ 17 cm,
㉡ $8 \times 2 = 16$ (cm)입니다.
➡ $17 > 16$이므로 더 작은 접시는 ㉡입니다.

14 $19 \times 30 = 570$(장)

15 원을 똑같이 둘로 나누는 선분은 원의 지름입니다.
➡ (원의 반지름)=$26 \div 2 = 13$ (cm)

16 ㉠, ㉢은 원의 중심을 이동하고 반지름을 각각 다르게 하여 그린 것입니다.

17 ㉠ $76 \div 9 = 8 \cdots 4$
㉡ $52 \div 7 = 7 \cdots 3$
㉢ $60 \div 8 = 7 \cdots 4$
➡ 나머지가 다른 하나는 ㉡입니다.

18 $128 \div 7 = 18 \cdots 2$
18일 동안 읽으면 2쪽이 남으므로 모두 읽으려면 19일이 걸립니다.

19

채점 기준		
❶ 어떤 수를 바르게 구함.	2점	4점
❷ 바르게 계산한 값을 구함.	2점	

20 1시간 38분=60분+38분=98분
➡ (공원을 한 바퀴 걷는 데 걸린 시간)
  =$98 \div 7 = 14$(분)

21

채점 기준		
❶ 딴 전체 사과의 수를 바르게 구함.	2점	4점
❷ 한 사람이 갖게 되는 사과의 수를 바르게 구함.	2점	

22 $59 \times 60 = 3540$, $59 \times 61 = 3599$,
$59 \times 62 = 3658 \cdots$이므로 ☐ 안에 들어갈 수 있는 가장 작은 수는 62입니다.

23 • $8 \times ㉡$의 일의 자리가 4인 것은 8×3, 8×8이므로 ㉡=3 또는 ㉡=8입니다.
  • ㉡=3일 때
    $㉠ \times 3 = 19 - 1$,
    $㉠ \times 3 = 18$, ㉠=6입니다.

$$\begin{array}{r} \overset{1}{}\overset{2}{} \\ ㉠\ 3\ 8 \\ \times\quad\ 3 \\ \hline 1\ 9\ 1\ 4 \end{array}$$

  • ㉡=8일 때는 오른쪽과 같으므로 조건에 맞지 않습니다.
따라서 ㉠=6, ㉡=3입니다.

$$\begin{array}{r} \overset{3}{}\overset{6}{} \\ ㉠\ 3\ 8 \\ \times\quad\ 8 \\ \hline \square\ \square\ 0\ 4 \end{array}$$

24 삼각형의 한 변은 원의 지름과 같습니다.
삼각형의 한 변은 $54 \div 3 = 18$ (cm)이므로 원의 지름은 18 cm입니다.
➡ (원의 반지름)=(원의 지름)$\div 2$
    =$18 \div 2$
    =9 (cm)

25 선분 ㄴㄷ의 길이는 큰 원과 작은 원의 반지름의 합과 같습니다.

→ (사각형 ㄱㄴㄷㄹ의 네 변의 길이의 합)
=(선분 ㄱㄴ)+(선분 ㄴㄷ)
　+(선분 ㄷㄹ)+(선분 ㄹㄱ)
=(큰 원의 지름)+(작은 원의 지름)
　+(선분 ㄹㄱ)
=18+12+14=44 (cm)

26 (선분 ㄱㄴ)=(선분 ㄴㄷ)=(큰 원의 반지름)
=28÷2=14 (cm)
(선분 ㄷㄹ)=(선분 ㄹㄱ)=(작은 원의 반지름)
=□ cm라 하면
(사각형 ㄱㄴㄷㄹ의 네 변의 길이의 합)
=14+14+□+□=44,
□+□=44-28=16, □=8입니다.

27 원의 반지름은 36÷2=18 (cm)입니다.
→ (삼각형 ㄱㄴㄷ의 세 변의 길이의 합)
=18+18+14=50 (cm)

28 (원의 지름)=8×2=16 (cm)
(직사각형의 가로)=16+16+16=48 (cm)
(직사각형의 세로)=16 cm
→ (직사각형의 네 변의 길이의 합)
=48+16+48+16=128 (cm)

29 나누어지는 수가 클수록, 나누는 수가 작을수록 몫이 크게 됩니다.
만들 수 있는 가장 큰 두 자리 수: 76,
만들 수 있는 가장 작은 한 자리 수: 2
→ 76÷2=38 ← 몫

30 어떤 수는 8로 나누었을 때 나머지가 6인 수이므로 8로 나누었을 때 나누어떨어지는 수보다 6 큰 수입니다.
8로 나누었을 때 몫이 두 자리 수이므로 나누어떨어지는 두 자리 수는 80, 88, 96입니다.
따라서 8로 나누었을 때 몫은 두 자리 수이고 나머지가 6인 두 자리 수는
80+6=86, 88+6=94입니다.

---

1 280, 168 / 448

2 (위에서부터) 1, 4, 16, 1

3 6, 4548　　　　　　**4** 19

5 7　　　　　　**6** ✕

7 ⓒ, ⓒ　　　　　　**8** 38, 60

9
$$3 \overline{)85}$$
2 8 (몫)
6
2 5
2 4
1

10 204

11 25, 30, 750 / 750개

12 19마리　　　　**13** 14 cm

14 >　　　　**15** 6군데

16 ❶

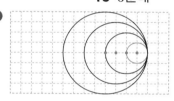

/ 모범답안 ❷ 원의 중심은 오른쪽으로 모눈 1칸씩 이동하고 원의 반지름은 모눈 1칸씩 줄어듭니다.

17 8　　　　　　**18** ⓒ

19 36 cm　　　　**20** 58쪽

21 (위에서부터) 2, 8, 3, 7

22 24상자

23 18 cm　　　**24** 1, 2, 3, 4, 5, 6

25 30 cm　　　**26** 7, 1

27 모범답안 ❶ 바구니에 담은 시루떡의 수:
29×34=986(개)
❷ 따라서 사용한 쌀가루는 모두
3×986=986×3=2958(봉지)입니다.
🅰 2958봉지

28 20 cm　　　**29** 127

30 42 cm

풀이

1 28×16은 $28 \times 10 = 280$, $28 \times 6 = 168$의 합입니다.
→ $28 \times 16 = 280 + 168 = 448$

3 758을 6번 더한 것이므로 758×6입니다.

$$\begin{array}{r} \scriptstyle 3\ 4 \\ 7\ 5\ 8 \\ \times \quad\ \ 6 \\ \hline 4\ 5\ 4\ 8 \end{array}$$

5 원의 지름이 14 cm이므로 원의 반지름은 $14 \div 2 = 7$ (cm)입니다.

6 ・$70 \div 7 = 10 \leftrightarrow 7 \times 10 = 70$
・$57 \div 3 = 19 \leftrightarrow 3 \times 19 = 57$

7 ㉠ 원 위의 선분 중 가장 긴 선분은 원의 지름입니다.

8 $38 \div 7 = 5 \cdots 3$, $42 \div 7 = 6$, $56 \div 7 = 8$, $60 \div 7 = 8 \cdots 4$

9 십의 자리 계산에서 남은 수를 내림하여 계산하지 않았습니다.

10 6의 34배는 6×34입니다.
→ $6 \times 34 = 204$

11 (참외의 수) $= 25 \times 30 = 750$(개)

12 (개미의 수)
$=$ (전체 다리 수) $\div$ (한 마리의 다리 수)
$= 114 \div 6 = 19$(마리)

13 (큰 원의 반지름) $= 7 \times 2 = 14$ (cm)

14
$$\begin{array}{r} 3\ 3 \\ \times\ 5\ 2 \\ \hline 6\ 6 \\ 1\ 6\ 5\ 0 \\ \hline 1\ 7\ 1\ 6 \end{array}$$
→ $1716 > 1620$

15 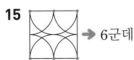 → 6군데

16
채점 기준

❶ 규칙에 따라 원을 바르게 그림.	1점	3점
❷ 규칙을 찾아 바르게 설명함.	2점	

17 9로 나누었을 때 나올 수 있는 나머지 중 가장 큰 수는 8입니다.

18 ㉠ $23 \times 40 = 920$
㉡ $57 \times 10 = 570$
㉢ $46 \times 30 = 1380$
→ ㉢ $1380 >$ ㉠ $920 >$ ㉡ 570

19 선분 ㄱㅁ의 길이는 원의 반지름인 선분 ㄹㅁ의 길이의 4배입니다.
→ $9 \times 4 = 36$ (cm)

20 3일 동안 읽은 책의 쪽수는 $114 \times 3 = 342$(쪽)이므로 마지막 날 읽어야 할 쪽수는 $400 - 342 = 58$(쪽)입니다.

21
$$\begin{array}{r} 4\ ㉠ \\ \times\ ㉡\ 9 \\ \hline 3\ 7\ 8 \\ 3\ ㉢\ 6\ 0 \\ \hline 3\ ㉣\ 3\ 8 \end{array}$$

・㉠ $\times 9$의 일의 자리가 8이므로 ㉠ $= 2$입니다.
・$42 \times$ ㉡0의 십의 자리가 6이므로 ㉡ $= 3$ 또는 ㉡ $= 8$입니다.
㉡ $= 3$이면 $42 \times 30 = 1260(\times)$,
㉡ $= 8$이면 $42 \times 80 = 3360(\bigcirc)$이므로 ㉡ $= 8$, ㉢ $= 3$입니다.
따라서 $42 \times 89 = 3738$이므로 ㉣ $= 7$입니다.

22 (망고의 수) $= 4 \times 36$
$= 144$(개)
→ $144 \div 6 = 24$(상자)

23 작은 원의 반지름이 4 cm이므로 큰 원의 반지름은 $4 + 5 = 9$ (cm)입니다.
따라서 큰 원의 지름은 $9 \times 2 = 18$ (cm)입니다.

24 $64 \times 38 = 2432$
$396 \times 1 = 396$, $396 \times 2 = 792$,
$396 \times 3 = 1188$, $396 \times 4 = 1584$,
$396 \times 5 = 1980$, $396 \times 6 = 2376$,
$396 \times 7 = 2772 \cdots\cdots$
따라서 □ 안에 들어갈 수 있는 수는 1, 2, 3, 4, 5, 6입니다.

25 반지름이 3 cm씩 커지는 규칙으로 원을 5
개 그리면 가장 큰 원의 반지름은
$3 \times 5 = 15$ (cm)입니다.
→ (가장 큰 원의 지름)$= 15 \times 2 = 30$ (cm)

26 십의 자리 계산에서 몫이 1이므로 ㉠은 4
보다 크고 8과 같거나 작은 수입니다.
㉠$=5$일 때 $85 \div 5 = 17(\times)$
㉠$=6$일 때 $85 \div 6 = 14 \cdots 1(\times)$
㉠$=7$일 때 $85 \div 7 = 12 \cdots 1(\bigcirc)$
㉠$=8$일 때 $85 \div 8 = 10 \cdots 5(\times)$
따라서 ㉠$=7$, ㉡$=1$입니다.

27
채점 기준		
❶ 바구니에 담은 시루떡의 수를 바르게 구함.	2점	4점
❷ 사용한 쌀가루는 모두 몇 봉지인지 바르게 구함.	2점	

28

(선분 ㄱㄴ)$=$(선분 ㄴㅁ)$=15$ cm
(선분 ㄴㄹ)$=15-10=5$ (cm)
선분 ㄱㄷ의 길이를 □ cm라 하면
삼각형 ㄱㄴㄷ의 세 변의 길이의 합은
$15+5+□+□=60$, $20+□+□=60$,
$□+□=40$, $□=20$입니다.

29 어떤 수를 □라 하면
$□ \div 8 = 15 \cdots$(나머지)입니다.
나머지는 8보다 작으므로 나머지 중 가장
큰 수는 7입니다.
→ $8 \times 15 = 120$이므로 □가 될 수 있는 가
장 큰 수는 $120+7=127$입니다.

30 선분 ㄱㄴ의 길이는 원이 1개일 때 원의 반
지름의 2배만큼, 원이 2개일 때 원의 반
지름의 3배만큼, 원이 3개일 때 원의 반
지름의 4배만큼입니다. 한 원의 반지름이
2 cm이고 원을 20개 그렸을 때 선분 ㄱㄴ
의 길이는 원의 반지름의 21배만큼이므로
$2 \times 21 = 42$ (cm)입니다.

4회 대표유형·기출문제 24~26쪽

대표유형 ❶ 4, 8, 4, 8 / 4, 8
대표유형 ❷ $\dfrac{5}{5}$, $\dfrac{12}{8}$, 2 / 2개
대표유형 ❸ $\dfrac{14}{9}$, $>$, ㉠ / ㉠

1 $\dfrac{3}{5}$ **2** (1) 4 (2) 25

3 $\dfrac{1}{3}$ **4** $\dfrac{2}{6}$

5 예
(원 그림)

6 (1) $\dfrac{10}{9}$ (2) $\dfrac{15}{11}$ **7** $\dfrac{4}{5}$, $\dfrac{6}{5}$

8 $2\dfrac{3}{4}$ **9** 20

10 40명   **11** 경아

12 $\dfrac{1}{6}$, $\dfrac{2}{6}$, $\dfrac{3}{6}$, $\dfrac{4}{6}$, $\dfrac{5}{6}$

13 $\dfrac{13}{8}$ **14** ㉠

15 4시간   **16** $2\dfrac{5}{9}$

17 18개   **18** $\dfrac{5}{6}$

19 $\dfrac{87}{11}$ **20** 35

풀이

1 전체를 똑같이 5로 나눈 것 중의 3은 전체의
$\dfrac{3}{5}$입니다.
→ 3은 5의 $\dfrac{3}{5}$입니다.

2 (1) 16개를 똑같이 4묶음으로 나누면 1묶음
은 4개입니다.
(2) 30개를 똑같이 6묶음으로 나누면 1묶
음은 5개이고 5묶음은 $5 \times 5 = 25$(개)입
니다.

3 24개를 8개씩 묶으면 3묶음으로 나눌 수 있습니다.
따라서 8은 24를 똑같이 3묶음으로 나눈 것 중의 1묶음이므로 8은 24의 $\frac{1}{3}$입니다.

4 24개를 4개씩 묶으면 6묶음으로 나눌 수 있습니다.
따라서 8은 24를 똑같이 6묶음으로 나눈 것 중의 2묶음이므로 8은 24의 $\frac{2}{6}$입니다.

5 전체를 똑같이 8로 나눈 것 중의 3이므로 3칸을 색칠합니다.

6 ▲는 ■의 $\frac{▲}{■}$입니다.

7 수직선에서 가는 4번째 칸이므로 $\frac{1}{5}$이 4개인 수인 $\frac{4}{5}$이고, 나는 6번째 칸이므로 $\frac{1}{5}$이 6개인 수인 $\frac{6}{5}$입니다.

8 전체가 색칠된 사각형이 2개이고, 사각형 한 개를 똑같이 4칸으로 나눈 것 중의 3칸을 색칠했으므로 $2\frac{3}{4}$입니다.

9 30 cm의 $\frac{1}{6}$은 30 cm를 똑같이 6조각으로 나눈 것 중의 1조각이므로 30÷6=5 (cm)입니다.
따라서 30 cm의 $\frac{1}{6}$은 5 cm이고 30 cm의 $\frac{4}{6}$는 5×4=20 cm입니다.

10 48을 똑같이 6묶음으로 나눈 것 중의 1묶음은 8이므로 48의 $\frac{1}{6}$은 8이고 48의 $\frac{5}{6}$는 8×5=40입니다.
따라서 투표를 한 주민은 40명입니다.

11 $1\frac{2}{6}$를 대분수로 나타내면 $\frac{8}{6}$입니다.
$\frac{11}{6} > \frac{8}{6}$이므로 리본을 더 많이 사용한 사람은 경아입니다.

13 수직선의 작은 눈금 한 칸은 $\frac{1}{8}$입니다.
□는 $\frac{1}{8}$이 13개이므로 $\frac{13}{8}$입니다.

14 3보다 크고 4보다 작은 분수를 찾습니다.
㉠ $\frac{23}{6}=3\frac{5}{6}$, ㉡ $\frac{20}{7}=2\frac{6}{7}$
$2\frac{6}{7}<3<3\frac{5}{6}<4$이므로 ☆ 부분에 들어갈 수 있는 분수는 ㉠ $\frac{23}{6}$입니다.

15 하루는 24시간입니다. 24의 $\frac{1}{6}$은 4이므로 주연이가 공부를 한 시간은 4시간입니다.

16 가장 작은 대분수를 만들려면 자연수에 가장 작은 수 2를 놓고 남은 두 수로 진분수를 만듭니다. ➡ $2\frac{5}{9}$

17 자연수가 5이고 분모가 7인 대분수는 $5\frac{1}{7}$, $5\frac{2}{7}$, $5\frac{3}{7}$ …… $5\frac{6}{7}$으로 6개입니다.
마찬가지로 자연수가 6인 대분수도 6개, 자연수가 7인 대분수도 6개입니다.
따라서 5보다 크고 8보다 작은 분수 중 분모가 7인 대분수는 모두 18개입니다.

18 합이 11이고 차가 1인 두 수는 5와 6이고, 진분수는 분자가 분모보다 작으므로 구하는 분수는 $\frac{5}{6}$입니다.

19 7과 8 사이에 있는 대분수 중에서 분모가 11인 가장 큰 대분수는 $7\frac{10}{11}$입니다.
따라서 대분수를 가분수로 나타내면 $7\frac{10}{11}=\frac{87}{11}$입니다.

20 어떤 수의 $\frac{3}{7}$이 18이므로 어떤 수의 $\frac{1}{7}$은 18÷3=6입니다. ➡ (어떤 수)=6×7=42
따라서 42의 $\frac{1}{6}$은 7이므로 42의 $\frac{5}{6}$는 7×5=35입니다.

대표유형 **1** 4050, ㉠ / ㉠

대표유형 **2** 1, 100 / 1 L 100 mL

대표유형 **3** 3800, >, 승기 / 승기

대표유형 **4** 2, 500, 4, 200 / 4 kg 200 g

1 가
2 4000
3 L
4 4 L 400 mL
5 4 kg 600 g
6 귤, 3개
7 8 L 100 mL
8 <
9 약 850 mL
10 2 kg 700 g
11 3 L 900 mL
12 ㉠
13 2 kg 500 g+1 kg 400 g에 색칠
14

$$\begin{array}{r} \overset{5}{\cancel{6}}\text{ L }\overset{1000}{}300\text{ mL} \\ -\ 4\text{ L }\ 400\text{ mL} \\ \hline 1\text{ L }\ 900\text{ mL} \end{array}$$

15 ㉯
16 (위에서부터) 600, 2
17 지호
18 1 kg 350 g
19 ⓔ 들이가 4 L 500 mL인 그릇에 물을 가득 채워 냄비에 한 번 부은 후 이 냄비의 물을 들이가 1 L 500 mL인 그릇에 가득 채워 한 번 덜어 냅니다.
20 연아

풀이

1 가는 6컵, 나는 5컵이고 6>5이므로 병 가에 물이 더 많이 들어갑니다.

2 1 t=1000 kg이므로 4 t=4000 kg입니다.

3 양동이의 들이는 1 mL보다 많으므로 L 단위를 사용합니다.

4

$$\begin{array}{r} 8\text{ L }700\text{ mL} \\ -\ 4\text{ L }300\text{ mL} \\ \hline 4\text{ L }400\text{ mL} \end{array}$$

5 작은 눈금 한 칸의 크기는 100 g입니다.
사과 상자의 무게는 4 kg보다 600 g만큼 더 무거우므로 4 kg 600 g입니다.

6 자두는 바둑돌 7개의 무게와 같고, 귤은 바둑돌 10개의 무게와 같으므로 귤이 자두보다 바둑돌 10−7=3(개)만큼 더 무겁습니다.

7

$$\begin{array}{r} \overset{1}{}\text{ }\\ 4\text{ L }200\text{ mL} \\ +\ 3\text{ L }900\text{ mL} \\ \hline 8\text{ L }100\text{ mL} \end{array}$$

> **참고**
>
> mL끼리 더한 값이 1000 mL이거나 1000 mL를 넘을 경우 1000 mL를 1 L로 받아올림합니다.

8 5 L 540 mL=5540 mL
➔ 5500 mL<5540 mL

> **다른 풀이**
>
> 5500 mL=5 L 500 mL
> ➔ 5 L 500 mL<5 L 540 mL

9 2분 동안 1700 mL의 농약을 뿌렸으므로 1분 동안 뿌린 농약의 양은 1700 mL의 반인 약 850 mL입니다.

10 (아버지 가방의 무게)−(민주 가방의 무게)
=5 kg 500 g−2 kg 800 g
=2 kg 700 g
따라서 아버지 가방은 민주 가방보다 2 kg 700 g 더 무겁습니다.

> **참고**
>
> g끼리 뺄 수 없으면 1 kg을 1000 g으로 받아내림하여 계산합니다.

11 (어제 마신 물의 양)+700 mL
=3 L 200 mL+700 mL=3 L 900 mL

12 ㉡ 누나의 몸무게는 36 kg이 알맞습니다.
㉢ 욕조를 가득 채운 물의 양은 90 L가 알맞습니다.

13

$$\begin{array}{r} \overset{4}{\cancel{5}}\text{ kg }\overset{1000}{}500\text{ g} \\ -\ 2\text{ kg }600\text{ g} \\ \hline 2\text{ kg }900\text{ g} \end{array} \qquad \begin{array}{r} 2\text{ kg }500\text{ g} \\ +\ 1\text{ kg }400\text{ g} \\ \hline 3\text{ kg }900\text{ g} \end{array}$$

14 1 L를 1000 mL로 받아내림한 것을 생각하지 않고 L끼리의 계산을 하여 잘못되었습니다.

15 물을 부은 횟수가 적을수록 컵의 들이가 많습니다.
➡ 물을 부은 횟수가 7<8<10이므로 들이가 가장 많은 컵은 ㉯입니다.

> **주의**
> 물을 부은 횟수가 많을수록 컵의 들이가 많다고 생각하지 않도록 주의합니다.

16 • g 단위: □−400=200 ➡ □=600
• kg 단위: 7−□=5 ➡ □=2

17 • 지호:
$$\begin{array}{r} \overset{3}{\cancel{4}} \overset{1000}{}\text{ kg} \\ -\ 3\text{ kg } 800\text{ g} \\ \hline 200\text{ g} \end{array}$$
• 진주: 3700 g=3 kg 700 g
$$\begin{array}{r} \overset{3}{\cancel{4}} \overset{1000}{}\text{ kg} \\ -\ 3\text{ kg } 700\text{ g} \\ \hline 300\text{ g} \end{array}$$
직접 잰 무게와 어림한 무게의 차가 더 적은 사람은 지호이므로 더 가깝게 어림한 사람은 지호입니다.

18 필통 한 개의 무게의 10배는 750 g이므로 필통 한 개의 무게는 75 g입니다.
따라서 필통 18개의 무게는
75×18=1350 (g)입니다.
➡ 1350 g=1 kg 350 g

19 평가 기준

4 L 500 mL−1 L 500 mL=3 L 또는 1 L 500 mL+1 L 500 mL=3 L임을 이용하여 냄비에 물 3 L를 담는 방법을 바르게 썼으면 정답입니다.

20 (수호가 마신 주스의 양)
=1 L 200 mL−800 mL=400 mL
(연아가 마신 주스의 양)
=1 L 800 mL−1 L 300 mL=500 mL
➡ 400 mL<500 mL이므로 주스를 더 많이 마신 사람은 연아입니다.

6회 대표유형·기출문제 30~32쪽

대표유형 ❶ 15, 14, 13, 초록 / 초록
대표유형 ❷ 1, 2 / 2가지
대표유형 ❸ ☺에 ○표, 반달 / 반달 마을

1 장미 **2** 3, 2
3 그림그래프
4 23마리
5 다 농장
6 840개
7 (위에서부터) 100, 10
8

종류별 인형 수

종류	인형 수
곰	🧸🧸🧸🧸🧸
토끼	🧸🧸
강아지	🧸🧸🧸🧸🧸🧸
호랑이	🧸🧸🧸🧸🧸🧸

🧸 [100] 개
🧸 [10] 개

9 곰 인형
10 예 스위스에 가보고 싶어 하는 학생은 4명입니다.
11 420명
12 20, 14, 21, 23
13 만둣국
14 돈가스, 만둣국, 라면, 비빔밥
15 예 돈가스의 재료를 가장 많이 준비합니다. / 예 일주일 동안 가장 많이 팔린 음식은 돈가스이기 때문입니다.
16 18 kg
17

목장별 우유 생산량

목장	우유 생산량
가	🍼🍼🍼🍼🍼🍼
나	🍼🍼🍼🍼🍼🍼
다	🍼🍼🍼🍼🍼🍼🍼
라	🍼🍼🍼🍼🍼🍼🍼

🍼 10 kg
🍼 1 kg

18 7 kg
19 가 목장

20 목장별 우유 생산량

목장	우유 생산량
가	◎◎◎○○○○
나	◎◎△
다	◎△○○○
라	◎△○○

◎ 10 kg
△ 5 kg
○ 1 kg

풀이

3 알려고 하는 수(조사한 수)를 그림으로 나타낸 그래프를 그림그래프라고 합니다.

4 10마리를 나타내는 그림이 2개, 1마리를 나타내는 그림이 3개이므로 23마리입니다.

5 10마리를 나타내는 그림의 수를 먼저 비교하고, 10마리를 나타내는 그림의 수가 같으면 1마리를 나타내는 그림의 수가 가장 많은 농장을 찾습니다.

6 (합계)＝140＋200＋330＋170＝840(개)

7 곰 인형 수를 나타내는 그림을 보고 각 그림이 나타내는 인형 수를 알아보면
🧸: 100개, 🐻: 10개입니다.

참고

곰 인형 140개를 큰 그림 1개, 작은 그림 4개로 나타내었습니다.

8 종류별 인형 수에 맞게 그림을 그립니다.
• 토끼 인형: 200개 ➡ 100개 그림 2개
• 강아지 인형: 330개
➡ 100개 그림 3개, 10개 그림 3개
• 호랑이 인형: 170개
➡ 100개 그림 1개, 10개 그림 7개

9 곰 인형(140개)＜호랑이 인형(170개)
＜토끼 인형(200개)＜강아지 인형(330개)

참고

100개를 나타내는 그림의 수를 먼저 비교합니다. 100개를 나타내는 그림의 수가 같으면 10개를 나타내는 그림의 수를 비교합니다.

10 평가 기준

그림그래프를 보고 알 수 있는 내용을 바르게 썼으면 정답입니다.

11 가 지역: 220명, 라 지역: 200명
➡ 220＋200＝420(명)

13 10그릇을 나타내는 그림이 2개, 1그릇을 나타내는 그림이 1개인 음식을 찾아보면 만둣국입니다.

16 (다 목장)＝94－34－25－17＝18 (kg)

참고

합계에서 가, 나, 라 목장의 우유 생산량을 뺍니다.

17 • 가 목장: 34 kg
➡ 10 kg 그림 3개, 1 kg 그림 4개
• 나 목장: 25 kg
➡ 10 kg 그림 2개, 1 kg 그림 5개
• 다 목장: 18 kg
➡ 10 kg 그림 1개, 1 kg 그림 8개
• 라 목장: 17 kg
➡ 10 kg 그림 1개, 1 kg 그림 7개

18 나 목장: 25 kg, 다 목장: 18 kg
➡ 25－18＝7 (kg)

19 라 목장: 17 kg
➡ 우유 생산량이 17×2＝34 (kg)인 목장은 가 목장입니다.

20 • 가 목장: 34 kg
➡ 10 kg 그림 3개, 1 kg 그림 4개
• 나 목장: 25 kg
➡ 10 kg 그림 2개, 5 kg 그림 1개
• 다 목장: 18 kg
➡ 10 kg 그림 1개, 5 kg 그림 1개,
1 kg 그림 3개
• 라 목장: 17 kg
➡ 10 kg 그림 1개, 5 kg 그림 1개,
1 kg 그림 2개

3회 단원 모의고사　33~36쪽

1 $\dfrac{3}{4}$　　**2** 병

3 가　　**4** 7, 509

5 19그루　　**6** 사과나무

7 32, 28, 122　　**8** 4자루

9 3 kg 420 g

10 (1) 주사기　(2) 욕조

11 ㉡　　**12** 물병

13 (교차 선 그림)　　**14** (　)(○)

15 ㉡

16 $3\dfrac{1}{5}$　　**17** ㉠

18 다 마을　　**19** 150대

20 모범 답안 ❶ (3분 동안 받은 물의 양)
$=1600\ \text{mL}+1600\ \text{mL}+1600\ \text{mL}$
$=4800\ \text{mL}$
❷ 4800 mL=4 L 800 mL이므로 대야에 받은 물의 양은 4 L 800 mL입니다.
답 4 L 800 mL

21 40, 48

22

마을	신입생 수
가	☺☺☺☺☺
나	☺☺☺☺
다	☺☺☺☺☺ ☺☺☺☺☺ ☺
라	☺☺☺ ☺☺☺☺

초등학교에 입학한 신입생 수

☺ 10명　☺ 1명

23 6개　　**24** $\dfrac{5}{8}$

25 46명

26 4 L 350 mL

27 $\dfrac{3}{3}$, $\dfrac{4}{3}$, $\dfrac{5}{3}$　　**28** 9명

29 64 kg 300 g

30 답 ❶ 수영장 / 모범 답안 ❷ 두 반의 학생 수를 합한 수가 가장 큰 수영장으로 체험 학습을 가면 좋을 것 같습니다.

풀이

1 16을 4씩 묶으면 4묶음이 되고 12는 4묶음 중 3묶음이므로 12는 16의 $\dfrac{3}{4}$입니다.

2 병에 물이 가득 차지 않았으므로 우유갑보다 병의 들이가 더 많습니다.

3 분자가 분모보다 크므로 가분수입니다.

> 참고
>
> 진분수: 분자가 분모보다 작은 분수
> 가분수: 분자가 분모와 같거나 분모보다 큰 분수

4 7509 g=7000 g+509 g
　　　　=7 kg+509 g=7 kg 509 g

> 참고
>
> 1000 g=1 kg ➡ 7000 g=7 kg

5 큰 그림이 1개, 작은 그림이 9개이므로 19그루입니다.

6 그림그래프에서 10그루를 나타내는 그림이 가장 많은 나무를 찾으면 사과나무입니다.

7 배나무: 32그루, 밤나무: 28그루
(합계)=32+19+43+28=122(그루)

8 12의 $\dfrac{1}{3}$은 4 ➡ 4자루

9 (과일의 무게)
　=(과일 바구니의 무게)-(바구니만의 무게)
　=4 kg-580 g=3 kg 420 g

> 참고
>
> kg은 kg끼리, g은 g끼리 계산합니다.

11 그림에서 색칠한 부분이 나타내는 분수는 $\dfrac{6}{8}$이므로 수직선 위의 0과 1 사이를 8칸으로 나눈 것 중 6번째 칸에 나타내어야 합니다.

> 참고
>
> 0과 1 사이를 똑같이 8로 나누었으므로 1칸은 $\dfrac{1}{8}$입니다.

12 물을 부은 컵의 수가 적을수록 들이가 적습니다. ➡ 물병 < 주전자 < 수조

13 4 kg 800 g = 4800 g, 4 kg 80 g = 4080 g

14 $3\dfrac{3}{4} < 4\dfrac{1}{4}$, $2\dfrac{1}{5} < 3\dfrac{2}{5}$
  $\underbrace{\qquad}_{3<4}$ $\underbrace{\qquad}_{2<3}$

참고

> 분모가 같은 대분수는 자연수가 클수록 큰 분수입니다.

15 ㉠ 20의 $\dfrac{3}{4}$ ➡ 15 ㉡ 16의 $\dfrac{4}{8}$ ➡ 8

16 $2\dfrac{3}{5} = \dfrac{13}{5}$이므로 대분수를 가분수로 나타내어 분자가 13보다 크고 17보다 작은 분수를 찾습니다.

$3\dfrac{1}{5} = \dfrac{16}{5}$이므로 $2\dfrac{3}{5}$보다 크고 $\dfrac{17}{5}$보다 작은 분수는 $3\dfrac{1}{5}$입니다.

> **참고**
>
> 대분수 $2\dfrac{3}{5}$을 가분수로 나타내기
>
> ➡ 자연수 2를 가분수 $\dfrac{10}{5}$으로 나타내면 $\dfrac{1}{5}$이 13개이므로 $\dfrac{13}{5}$입니다.

17 ㉠ 6250 mL ㉡ 6180 mL ㉢ 6095 mL
  ➡ 6250 > 6180 > 6095

> **참고**
>
> ㉡ 6 L 180 mL = 6 L + 180 mL
>   = 6000 mL + 180 mL
>   = 6180 mL

19 나 마을: 330대, 다 마을: 180대
  ➡ 330 − 180 = 150(대)

20

채점 기준		
❶ 3분 동안 받은 물의 양을 구함.	3점	
❷ 3분 동안 받은 물의 양이 몇 L 몇 mL인지 구함.	1점	4점

21 • (다 마을의 신입생 수)
    = (가 마을의 신입생 수) × 2
    = 24 × 2 = 48(명)
  • (나 마을의 신입생 수)
    = 149 − 24 − 48 − 37 = 40(명)

> **주의**
>
> 다 마을의 신입생 수를 먼저 구하고 합계를 이용하여 나 마을의 신입생 수를 구합니다.

22 가 마을: 큰 그림 2개, 작은 그림 4개를 그립니다.
  나 마을: 큰 그림 4개를 그립니다.
  다 마을: 큰 그림 4개, 작은 그림 8개를 그립니다.
  라 마을: 큰 그림 3개, 작은 그림 7개를 그립니다.

23 • 분모가 2인 가분수: $\dfrac{4}{2}$, $\dfrac{5}{2}$, $\dfrac{6}{2}$
  • 분모가 4인 가분수: $\dfrac{5}{4}$, $\dfrac{6}{4}$
  • 분모가 5인 가분수: $\dfrac{6}{5}$ ➡ 6개

24 합이 13인 두 수는 (1, 12), (2, 11), (3, 10), (4, 9), (5, 8), (6, 7)이고 이 중에서 차가 3인 두 수는 (5, 8)입니다.
  따라서 ▌조건▐을 모두 만족하는 진분수는 $\dfrac{5}{8}$입니다.

25 봉사활동에 참가한 학생 수가 가장 많은 반은 2반으로 30명이고, 가장 적은 반은 4반으로 16명입니다.
  ➡ 30 + 16 = 46(명)

> **참고**
>
> 10명을 나타내는 그림의 수를 비교하면 3개 > 2개 > 1개이므로 봉사 활동에 참가한 학생 수가 가장 많은 반은 2반이고 가장 적은 반은 4반입니다.

26 1 L씩 4번은 4 L입니다.
따라서 물통의 들이는
4 L+350 mL=4 L 350 mL입니다.

27 분모가 3인 가분수를 $\frac{\square}{3}$라고 하면
$2=\frac{6}{3}$이므로 $\frac{\square}{3}<2$에서 □는 3과 같거나
크고 6보다 작아야 합니다.
따라서 구하는 가분수는 $\frac{3}{3}$, $\frac{4}{3}$, $\frac{5}{3}$입니다.

28 걸어서 오는 학생 수: 36의 $\frac{3}{4}$은 27
➡ 27명
(버스를 타고 오는 학생 수)
=(전체 학생 수)−(걸어서 오는 학생 수)
=36−27=9(명)

> **다른 풀이**
> 걸어서 오는 학생이 전체의 $\frac{3}{4}$이므로 버스를 타
> 고 오는 학생은 전체의 $\frac{1}{4}$입니다.
> 버스를 타고 오는 학생 수: 36의 $\frac{1}{4}$은 9
> ➡ 9명

29 (형의 몸무게)
=20 kg 400 g+11 kg 750 g
=32 kg 150 g
(어머니의 몸무게)
=32 kg 150 g+32 kg 150 g
=64 kg 300 g

> **참고**
> g끼리의 합이 1000 g이거나 1000 g을 넘으면
> 1000 g을 1 kg으로 받아올림합니다.
> $$\begin{array}{r} \overset{1}{20}\ kg\ \ 400\ g \\ +\ 11\ kg\ 750\ g \\ \hline 32\ kg\ 150\ g \end{array}$$

30

채점 기준		
❶ 어떤 곳으로 가면 좋을지 씀.	2점	4점
❷ 그 이유를 씀.	2점	

4회 단원 모의고사 37~40쪽

1 (1) $\frac{2}{9}$ (2) $\frac{5}{12}$ **2** $\frac{12}{7}$

3 ㉯ **4** 7, 200

5
0 ────────↑──────── 1

6 ㉠, ㉣ **7** >

8 > **9** 3개

10 예 2가지

11 좋아하는 음식별 학생 수

음식	학생 수
김밥	☺☺☺☺☺☺☺☺
피자	☺☺☺
치킨	☺☺☺
떡볶이	☺☺☺☺☺☺

☺10명 ☺1명

12 피자 **13** 수경

14 3 kg 100 g, 3 kg 800 g

15 지우, 700 g **16** 재영

17 130상자

18 860상자

19 (모범 답안) ❶ 참외를 가장 많이 생산한 마을은 달빛 마을로 320상자이고, ❷ 가장 적게 생산한 마을은 별빛 마을로 130상자입니다.
❸ 따라서 참외 생산량의 차는
320−130=190(상자)입니다.
답 190상자

20 18명 **21** 8개

22 18장 **23** 조

24 218명

25 (모범 답안) ❶ 병의 들이는
1400 mL=1 L 400 mL입니다.
❷ (처음 어항에 들어 있던 물의 양)
=5 L−1 L 400 mL
=3 L 600 mL
답 3 L 600 mL

26 800 g

27 마을별 가구 수

마을	가구 수
㉮	🏠🏠
㉯	🏠🏠🏠🏠🏠
㉰	🏠🏡🏡🏡
㉱	🏠🏠🏠🏠🏠🏠🏠

🏠100가구 🏡10가구

28 (위에서부터) 4, 5, 6 / 2, 3

29 $\dfrac{17}{4}$, $\dfrac{22}{4}$, $\dfrac{27}{4}$

30 2 L 600 mL

풀이

1 ▲는 ■의 $\dfrac{▲}{■}$입니다.

2 $\dfrac{3}{4}$, $\dfrac{11}{14}$: 진분수

$\dfrac{12}{7}$: 가분수

3 물을 옮겨 담은 그릇의 모양과 크기가 같으므로 물의 높이가 높을수록 들이가 더 많습니다.
➡ ㉮<㉯

5 전체를 똑같이 6으로 나눈 것 중의 2칸을 색칠했으므로 $\dfrac{2}{6}$입니다.

수직선의 작은 눈금 한 칸의 크기는 $\dfrac{1}{6}$이므로 $\dfrac{2}{6}$는 수직선 0에서 2칸만큼 간 곳입니다.

6 ㉠ 어미 하마 1마리의 무게는 약 2~4 t입니다.
㉣ 트럭 3대의 무게는 약 3 t입니다.

7 60의 $\dfrac{1}{10}$은 6이므로

60의 $\dfrac{9}{10}$는 6×9=54입니다.

➡ 60의 $\dfrac{9}{10}$ > 36

8 대분수를 가분수로 나타내면 $4\dfrac{3}{7}=\dfrac{31}{7}$이므로 $\dfrac{31}{7}>\dfrac{22}{7}$ ➡ $4\dfrac{3}{7}>\dfrac{22}{7}$입니다.

9 진분수는 분자가 분모보다 작아야 하므로 분자는 4보다 작은 1, 2, 3입니다.

$\dfrac{1}{4}$, $\dfrac{2}{4}$, $\dfrac{3}{4}$ ➡ 3개

10 10명과 1명인 2가지로 나타내는 것이 좋을 것 같습니다.

14 민수가 모은 헌 종이의 무게는 3 kg 100 g이고 지우가 모은 헌 종이의 무게는 3 kg 800 g입니다.

15 지우가 3 kg 800 g−3 kg 100 g=700 g 더 많이 모았습니다.

16 어림한 무게와 직접 잰 무게의 차가 지연이는 500 g, 기훈이는 700 g, 재영이는 200 g이므로 차가 가장 작은 재영이가 가장 가깝게 어림하였습니다.

18 사랑 마을: 260상자, 햇빛 마을: 150상자
별빛 마을: 130상자, 달빛 마을: 320상자
➡ 260+150+130+320=860(상자)

19

채점 기준		
❶ 참외를 가장 많이 생산한 마을을 찾음.	1점	
❷ 참외를 가장 적게 생산한 마을을 찾음.	1점	4점
❸ 참외 생산량의 차를 구함.	2점	

20 27의 $\dfrac{1}{9}$은 3이므로 27의 $\dfrac{3}{9}$은 3×3=9입니다. 따라서 안경을 쓴 학생은 9명이므로 안경을 쓰지 않은 학생은 27−9=18(명)입니다.

21 공 몇 개의 무게는 2 kg 400 g=2400 g이고 2400 g은 300 g이 8개 있는 것과 같은 무게이므로 저울 위에 올려 놓은 공은 8개입니다.

22 가 모둠은 34장, 나 모둠은 15장, 다 모둠은 43장이므로 세 모둠이 모은 붙임딱지는 34+15+43=92(장)입니다.
따라서 라 모둠이 모은 붙임딱지는 110−92=18(장)입니다.

23 $\dfrac{29}{7}=4\dfrac{1}{7}$이므로 $4\dfrac{2}{7}$와 $4\dfrac{1}{7}$의 크기를 비교하면 $4\dfrac{2}{7}>4\dfrac{1}{7}$입니다.

따라서 더 무거운 곡물은 조입니다.

24 $63+72+83=218$(명)

25

채점 기준		
❶ 병의 들이가 몇 L 몇 mL인지 구함.	2점	4점
❷ 처음 어항에 들어 있던 물의 양을 구함.	2점	

26 (사과와 귤의 무게의 합)
$=11\text{ kg }300\text{ g}+9\text{ kg }500\text{ g}$
$=20\text{ kg }800\text{ g}$
(상자의 무게)
$=21\text{ kg }600\text{ g}-20\text{ kg }800\text{ g}=800\text{ g}$

27 ㉮ 마을은 200가구, ㉱ 마을은 160가구이므로 ㉯와 ㉰ 마을의 가구 수의 합은 $720-200-160=360$(가구)입니다. ㉯ 마을의 가구 수는 ㉰ 마을의 가구 수의 2배이므로 ㉯ 마을은 240가구이고, ㉰ 마을은 120가구입니다.

28 ●=1일 때, ■−1=3, ■=4입니다.
●=2일 때, ■−2=3, ■=5입니다.
●=3일 때, ■−3=3, ■=6입니다.

29 $\dfrac{●}{4}$는 진분수이므로 ●=1, 2, 3입니다.
• ■=4, ●=1 ➡ $4\dfrac{1}{4}=\dfrac{17}{4}$
• ■=5, ●=2 ➡ $5\dfrac{2}{4}=\dfrac{22}{4}$
• ■=6, ●=3 ➡ $6\dfrac{3}{4}=\dfrac{27}{4}$

30 (음식하고 남은 물의 양)
$=4\text{ L}-2\text{ L }200\text{ mL}$
$=3\text{ L }1000\text{ mL}-2\text{ L }200\text{ mL}$
$=1\text{ L }800\text{ mL}$
(물통에 부은 물의 양)$=800\text{ mL}$
(지금 물통에 들어 있는 물의 양)
$=1\text{ L }800\text{ mL}+800\text{ mL}$
$=2\text{ L }600\text{ mL}$

1회 실전 모의고사 41~44쪽

1 (1) 7, 3 (2) 13, 1
2 (1) 5024 (2) 7, 30
3 2
4 18 cm
5 986
6 ⑤
7 2개
8 <
9 나 과수원
10 560문제
11 1080원
12 8
13 $1\dfrac{8}{11}$
14 700 kg
15

빵 가게별 밀가루 사용량

가게	밀가루 사용량
㉮	▢ ▢ ▢ ▢
㉯	▢ ▢ ▫ ▫ ▫ ▫
㉰	▢ ▢ ▢ ▢ ▫
㉱	▢ ▢ ▢

▢ 50 kg ▫ 10 kg

16 12마리
17

좋아하는 놀이기구

놀이기구	바이킹	롤러코스터	범퍼카	회전목마	합계
남학생 수(명)	5	2	4	3	14
여학생 수(명)	2	4	4	2	12

18 26명
19 2 L 800 mL
20 ㉯ 컵
21 모범답안 ❶ 가장 큰 두 자리 수는 87이고 ❷ 가장 작은 두 자리 수는 23입니다. ❸ 따라서 두 수의 곱은 $87×23=2001$입니다. 답 2001
22 33 cm
23 (위에서부터) 9, 3, 8
24 3
25 2827
26 모범답안 ❶ (현영이네 반 전체 학생 수)
$=18+15=33$(명)
❷ 33의 $\dfrac{1}{3}$은 11이므로 피아노 학원에 다니는 학생은 11명입니다. 답 11명

27 12 cm	**28** 54 kg 500 g
29 24 cm	**30** 37명

풀이

1 (1)
$$
\begin{array}{r}
7 \leftarrow 몫 \\
4\overline{)3\,1} \\
2\,8 \\
\hline
3 \leftarrow 나머지
\end{array}
$$

(2)
$$
\begin{array}{r}
1\,3 \leftarrow 몫 \\
6\overline{)7\,9} \\
6 \\
\hline
1\,9 \\
1\,8 \\
\hline
1 \leftarrow 나머지
\end{array}
$$

2 (1) 5 L 24 mL＝5 L＋24 mL
　　　　　　　　＝5000 mL＋24 mL
　　　　　　　　＝5024 mL

(2) 7030 g＝7000 g＋30 g
　　　　　＝7 kg＋30 g
　　　　　＝7 kg 30 g

> **참고**
>
> 1 L＝1000 mL, 1 kg＝1000 g

3 14는 49를 7씩 7묶음으로 나눈 것 중의 2
묶음이므로 49를 7씩 묶으면 14는 49의 $\frac{2}{7}$
입니다.

4 한 원에서 원의 반지름은 모두 같으므로
(선분 ㄱㄴ)＝(원의 반지름)＝18 cm입니다.

5
$$
\begin{array}{r}
3\,4 \\
\times\ 2\,9 \\
\hline
3\,0\,6 \\
6\,8\,0 \\
\hline
9\,8\,6
\end{array}
$$

6 나머지는 나누는 수보다 반드시 작아야 합
니다. 따라서 어떤 수를 8로 나누었을 때
나머지가 될 수 있는 수는 8보다 작은 수이
므로 8은 나머지가 될 수 없습니다.

7 진분수는 분자가 분모보다 작은 분수이므
로 진분수를 찾아보면 $\frac{7}{20}$, $\frac{10}{13}$으로 모두
2개입니다.

8 3 kg 480 g＝3480 g이므로
3 kg 480 g＜3840 g입니다.

> **다른 풀이**
>
> 3840 g＝3 kg 840 g이므로
> 3 kg 480 g＜3840 g입니다.

9 가 과수원: 430상자, 나 과수원: 380상자,
다 과수원: 350상자, 라 과수원: 360상자

➡ 430＞380＞360＞350이므로 사과 생
　산량이 두 번째로 많은 과수원은 나 과
　수원입니다.

10 (28일 동안 푼 수학 문제 수)
　＝20×28＝560(문제)

11 (도화지 9장의 값)＝120×9＝1080(원)

12 $\frac{38}{11}$을 대분수로 나타내면 $\frac{38}{11}=3\frac{5}{11}$입니다.
따라서 ㉠＝3, ㉡＝5이므로
㉠＋㉡＝3＋5＝8입니다.

> **참고**
>
> $\frac{38}{11}$에서 $\frac{33}{11}$은 자연수 3으로, 나머지 $\frac{5}{11}$는 진
> 분수로 나타냅니다. ➡ $\frac{38}{11}=3\frac{5}{11}$

13 분자가 19이고 분모가 11인 가분수는 $\frac{19}{11}$
입니다.

➡ $\frac{19}{11}=1\frac{8}{11}$

> **참고**
>
> • 분모: 가로 선 아래쪽에 있는 수
> • 분자: 가로 선 위쪽에 있는 수

14 200＋140＋210＋150＝700 (kg)

16 잠자리 한 마리의 날개는 2쌍이므로 4장입
니다. 따라서 하늘을 날고 있는 잠자리는
48÷4＝12(마리)입니다.

17 (남학생 수의 합계)＝5＋2＋4＋3
　　　　　　　　　＝14(명)
(여학생 수의 합계)＝2＋4＋4＋2＝12(명)

18 (남학생 수)+(여학생 수)=14+12=26(명)

19 (식용유를 사용하고 남은 양)
=4 L 600 mL−1 L 800 mL
=2 L 800 mL

> **참고**
> 1 L=1000 mL이므로 mL끼리 뺄 수 없는 경우 1 L를 1000 mL로 받아내림합니다.

20 컵에 들어가는 물의 양이 많을수록 수조에 물을 붓는 횟수가 적습니다.
따라서 수조에 물을 부은 횟수가 적을수록 컵의 들이가 많으므로 ㉯ 컵의 들이가 가장 많습니다.

> **주의**
> 물을 부은 횟수가 많을수록 컵의 들이가 많다고 생각하지 않도록 주의합니다.

21

채점 기준		
❶ 가장 큰 두 자리 수를 만듦.	1점	
❷ 가장 작은 두 자리 수를 만듦.	1점	4점
❸ 두 수의 곱을 구함.	2점	

22 원의 지름이 24 cm이므로 반지름은 24÷2=12 (cm)이고, 삼각형 ㅇㄱㄴ에서 변 ㅇㄱ과 변 ㅇㄴ은 원의 반지름으로 길이가 같습니다.
➡ (삼각형 ㅇㄱㄴ의 세 변의 길이의 합)
=(반지름)+(반지름)+9
=12+12+9=33 (cm)

> **참고**
> 한 원에서 지름은 반지름의 2배입니다.

23

```
      1 ㉠
 ㉡ ) 5 ㉢
      3
      ───
      2 8
      2 7
      ───
        1
```
• ㉢=8
• ㉡×1=3 ➡ ㉡=3
• 3×㉠=27 ➡ ㉠=9

24 큰 원의 지름은 정사각형의 한 변의 길이와 같으므로 22 cm이고 큰 원의 반지름은 22÷2=11 (cm)입니다.
따라서 □=11−8=3입니다.

> **참고**
> 원 안에 그을 수 있는 선분 중 가장 긴 선분이 원의 지름이므로 큰 원의 지름과 정사각형의 한 변의 길이가 같습니다.

25 48★59=48×59−5
=2832−5=2827

26

채점 기준		
❶ 전체 학생 수를 구함.	2점	
❷ 피아노 학원에 다니는 학생 수를 구함.	2점	4점

27 원의 지름은 직사각형의 세로의 길이와 같으므로 6 cm입니다.
직사각형의 가로의 길이는 원의 지름의 2배이므로 6×2=12 (cm)입니다.

> **다른 풀이**
> (원의 반지름)=6÷2=3 (cm)
> 직사각형의 가로의 길이는 원의 반지름의 4배이므로 3×4=12 (cm)입니다.

28 (혜영이의 몸무게)
=(영은이의 몸무게)+900 g
=26 kg 800 g+900 g
=27 kg 700 g
(혜영이와 영은이의 몸무게의 합)
=27 kg 700 g+26 kg 800 g
=54 kg 500 g

> **참고**
> g끼리 더한 값이 1000 g이거나 1000 g을 넘을 경우 1000 g을 1 kg으로 받아올림합니다.

29 원의 반지름을 □ cm라고 하면
□+□+18=30+□, □=30−18,
□=12입니다.
➡ 반지름이 12 cm이므로 원의 지름은 12×2=24 (cm)입니다.

30 7명씩 짝을 지으면 2명이 남으므로 7로 나누었을 때 나머지가 2인 수를 찾습니다. 9, 16, 23, 30, 37, 44……중에서 44보다 작고 5로 나누었을 때 나머지가 2인 수는 37입니다. 따라서 정미네 반 학생은 37명입니다.

실전 **모의고사**　　　　　45~48쪽

1 9 cm
2 72, 72, 74
3 3, 150
4 18
5 2516
6 7 kg 60 g
7 3군데
8 19자루, 1자루
9 600킬로칼로리
10 9 L−3 L 800 mL=5 L 200 mL,
　　5 L 200 mL
11 ㉡
12 2 kg 800 g
13 5916개
14 [모범 답안] ❶ 가 마을: 340가마, 나 마을: 430가마, 다 마을: 290가마,
라 마을: 350가마
❷ 따라서 네 마을의 쌀 생산량은 모두
340＋430＋290＋350＝1410(가마)입니다. 　　　　　　　　　　 답 1410가마
15 140가마
16 800 mL
17 2 L 400 mL
18 18
19 ㉠
20 $\dfrac{5}{6}$
21 28 /

구청의 창구별 방문자 수

창구	방문자 수
1번	😊😊😊😊😊😊😊😊
2번	😊😊😊😊
3번	😊😊😊😊😊😊
4번	😊😊😊😊😊😊😊😊😊😊😊😊😊

😊 10명　😊 1명

22 편의점, 학원, 학교
23 2 cm
24 24 cm
25 10개
26

취미별 학생 수

취미	학생 수
운동	◎◎◎◎○○
피아노	◎△○○○
미술	◎◎△○○
독서	◎◎◎○○

◎10명 △5명 ○1명

27 368 km
28 23 cm
29 96 cm
30 [모범 답안] ❶ 합이 12인 두 수는 1과 11, 2와 10, 3과 9, 4와 8, 5와 7, 6과 6입니다.
❷ 두 수 사이에 자연수가 3개인 두 수는 4와 8입니다.
❸ 따라서 두 진분수는 $\dfrac{4}{11}$, $\dfrac{8}{11}$입니다.

답 $\dfrac{4}{11}$, $\dfrac{8}{11}$

풀이

1 원의 중심과 원 위의 한 점을 이은 선분이 원의 반지름입니다.
(원의 반지름)＝9 cm
2 나누는 수와 몫의 곱에 나머지를 더하면 나누는 수가 나와야 합니다.
3 3150 mL=3000 mL+150 mL
　　　　　　=3 L+150 mL
　　　　　　=3 L 150 mL
4 54의 $\dfrac{1}{9}$은 6이고 54의 $\dfrac{3}{9}$은 6×3＝18이므로 ㉠＝18입니다.
5
$$\begin{array}{r} 6\,8 \\ \times\ \ 3\,7 \\ \hline 4\,7\,6 \\ 2\,0\,4\,0\ \\ \hline 2\,5\,1\,6 \end{array}$$
6 12 kg 900 g−5 kg 840 g=7 kg 60 g

7 원의 중심이 되는 곳에 컴퍼스의 침을 꽂아야 합니다.

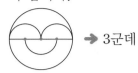 → 3군데

8 $96 \div 5 = 19 \cdots 1$이므로 한 어린이에게 19자루씩 나누어 줄 수 있고, 1자루가 남습니다.

10
$$\begin{array}{r} \overset{8}{9} \text{ L} \overset{1000}{} \\ -\ 3 \text{ L } 800 \text{ mL} \\ \hline 5 \text{ L } 200 \text{ mL} \end{array}$$

11 ㉠ $48 \times 96 = 4608$
㉡ $576 \times 8 = 4608$
㉢ $89 \times 52 = 4628$

12 (로봇을 넣은 상자의 무게) − (상자의 무게)
$= 4 \text{ kg } 80 \text{ g} - 1 \text{ kg } 280 \text{ g} = 2 \text{ kg } 800 \text{ g}$

13 (한 상자에 들어 있는 구슬 수) × (상자 수)
$= 87 \times 68 = 5916$(개)

14

채점 기준		
❶ 각 마을의 쌀 생산량을 구함.	2점	3점
❷ 네 마을의 쌀 생산량의 합을 구함.	1점	

15 쌀 생산량이 가장 많은 마을은 나 마을로 430가마, 가장 적은 마을은 다 마을로 290가마입니다.
→ $430 - 290 = 140$(가마)

16 1시간은 60분이므로 1시간 동안 새는 물은 모두 $400 \text{ mL} + 400 \text{ mL} = 800 \text{ mL}$입니다.

17 800 mL씩 3번이므로 3시간 동안 새는 물은 모두
$800 \text{ mL} + 800 \text{ mL} + 800 \text{ mL} = 2400 \text{ mL}$입니다.
→ $2400 \text{ mL} = 2 \text{ L } 400 \text{ mL}$

18 $24 \times 18 = 432$, $24 \times 19 = 456$이므로 □ 안에 들어갈 수 있는 수는 19보다 작아야 합니다. 따라서 □ 안에 들어갈 수 있는 자연수 중에서 가장 큰 수는 18입니다.

19 ㉠ (원의 지름)$= 10 \times 2 = 20$ (cm)
㉡ (원의 지름)$= 9 \times 2 = 18$ (cm)
지름의 길이를 비교하면
$20 \text{ cm} > 19 \text{ cm} > 18 \text{ cm}$이므로 가장 큰 원은 ㉠입니다.

20 구슬 24개를 4개씩 묶으면 6묶음이 됩니다.
빨간 구슬이 4개씩 5묶음이므로 전체의 $\frac{5}{6}$입니다.

21 (4번 창구의 방문자 수)
$= 155 - 44 - 32 - 51 = 28$(명)

22 $2\frac{3}{6} = \frac{15}{6}$이므로 $\frac{9}{6} < \frac{14}{6} < 2\frac{3}{6}$입니다.
따라서 정류장에서 가까운 장소부터 차례로 쓰면 편의점, 학원, 학교입니다.

23 직사각형 ㄱㄴㄷㄹ의 네 변의 길이의 합은 원의 반지름의 16배입니다.
$2 \times 16 = 32$이므로 원 한 개의 반지름은 2 cm입니다.

24 (철사의 길이)
$= 26 + 22 + 26 + 22 = 96$ (cm)
정사각형은 네 변의 길이가 모두 같으므로 한 변의 길이는 $96 \div 4 = 24$ (cm)입니다.

25 전체를 똑같이 12로 나눈 것 중의 5는 사과이므로 $12 - 5 = 7$만큼은 귤입니다.
귤은 전체의 $\frac{7}{12}$이고 14개이므로 전체의 $\frac{1}{12}$은 2개입니다.
따라서 과일은 모두 $2 \times 12 = 24$(개)입니다.
→ 사과는 24의 $\frac{5}{12}$이므로 $2 \times 5 = 10$(개) 입니다.

27 (자동차가 8시간 동안 달린 거리)
$= 59 \times 2 \times 8 = 118 \times 8 = 944$ (km)
(오토바이가 8시간 동안 달린 거리)
$= 18 \times 4 \times 8 = 72 \times 8 = 576$ (km)
따라서 자동차와 오토바이는
$944 - 576 = 368$ (km) 떨어져 있습니다.

28 (색 테이프 4장의 길이의 합)

$=86+2+2+2=92$ (cm)

➡ (색 테이프 한 장의 길이)

$=92÷4=23$ (cm)

29 (직사각형의 가로)=(변 ㄱㄹ)

$\qquad$ =(작은 원의 지름)×3

$\qquad$ $=12×3=36$ (cm)

(직사각형의 세로)=(변 ㄱㄴ)

$\qquad$ =(작은 원의 지름)

$\qquad$ $=12$ cm

➡ $36+12+36+12=96$ (cm)

30 채점 기준

❶ 합이 12인 두 수를 구함.	2점	
❷ 두 수 사이에 자연수가 3개인 두 수를 구함.	1점	4점
❸ 조건에 알맞은 두 진분수를 구함.	1점	

3회 실전 **모의고사** 49~52쪽

1 $521×4=2084$ $\qquad$ **2** ㉡

3 6 cm $\qquad$ **4** (○) ( )

5 < $\qquad$ **6** 1872개

7 26상자 $\qquad$ **8** ㉢

9 25개 $\qquad$ **10** 6

11 마을별 수박 생산량

마을	수박 생산량
가람	🍉 🍉 🍉 🍉 🍉 🍉
초록	🍉 🍉 🍉
목련	🍉 🍉 🍉 🍉 🍉
샘터	🍉 🍉 🍉 🍉 🍉 🍉

🍉1000통
🍉200통

12 18 kg 700 g $\qquad$ **13** $2\dfrac{1}{5}$ m

14 3군데 $\qquad$ **15** 32 cm

16 ㉯ 컵 $\qquad$ **17** 720시간

18 $\dfrac{4}{5}$ $\qquad$ **19** 4개

---

20 지호 $\qquad\qquad$ **21** 30, 24, 78

22 모둠별 모은 빈 병의 수

모둠	빈 병의 수
가	🍾🍾🍾🍾🍾
나	🍾🍾🍾
다	🍾🍾🍾🍾🍾🍾
라	🍾🍾🍾🍾🍾🍾🍾🍾

🍾10개
🍾1개

23 3900원

24 모범 답안 ❶ (작은 원의 지름)×4

$=32$ (cm)이므로 작은 원의 지름은

$32÷4=8$ (cm)입니다.

❷ 따라서 작은 원의 반지름은

$8÷2=4$ (cm)입니다. $\qquad$ 🅐 4 cm

25 2

26 13, 2

27 792

28 모범 답안 ❶ 15분=$\dfrac{1}{4}$시간

❷ $1\dfrac{3}{4}=\dfrac{7}{4}$이고 $\dfrac{7}{4}$은 $\dfrac{1}{4}$이 7개인 수입

니다. 따라서 민석이는 $1\dfrac{3}{4}$시간 동안 공

원을 7바퀴 돌 수 있습니다. $\qquad$ 🅐 7바퀴

29 7

30 13 cm

풀이

1 $\qquad$ 5 2 1
$\qquad$ × $\qquad$ 4
$\qquad$ 2 0 8 4

2 ㉠ 7 L 20 mL=7000 mL+20 mL

$\qquad\qquad\quad$ =7020 mL

㉡ 1000 kg=1 t이므로 4000 kg=4 t입

니다.

3 원의 중심 ㅇ과 원 위의 한 점을 이은 선분

이 원의 반지름이므로 6 cm입니다.

4 $85÷5=17$, $95÷3=31\cdots2$

5 1 L 980 mL < 2 L 120 mL

6 (오늘 딴 사과 수)
= (한 상자에 담은 사과 수) × (상자 수)
= $39 \times 48 = 1872$ (개)

7 큰 그림이 2개, 작은 그림이 6개이므로 26 상자입니다.

8 ㉠ 14의 $\frac{1}{2}$은 7입니다.

㉡ 28의 $\frac{1}{7}$은 4이므로 28의 $\frac{2}{7}$는 $4 \times 2 = 8$ 입니다.

㉢ 20의 $\frac{1}{4}$은 5이므로 20의 $\frac{3}{4}$은 $5 \times 3 = 15$입니다.

➡ $15 > 8 > 7$이므로 가장 큰 것은 ㉢입니다.

9 $175 \div 7 = 25$이므로 필요한 상자는 25개입니다.

10 □×16에 2를 더한 값이 98이므로
□×16=96, □=6입니다.
따라서 □ 안에 알맞은 수는 6입니다.

11 1000통은 🍈로, 200통은 🍈로 그립니다.

12 20 kg−1 kg 300 g
= 19 kg 1000 g−1 kg 300 g
= 18 kg 700 g

> **다른 풀이**
>
> $\quad$19$\qquad$1000
> $\quad$20 kg
> $-\quad$1 kg 300 g
> $\overline{\quad\text{18 kg 700 g}}$

13 $\frac{1}{5}$의 11배는 $\frac{1}{5}$이 11개인 수이므로 $\frac{11}{5}$입니다. 따라서 칠판의 긴 쪽의 길이는 $\frac{11}{5}$ m = $2\frac{1}{5}$ m입니다.

14 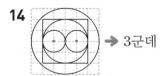 ➡ 3군데

15 직사각형의 가로는 원의 반지름의 4배이므로 $8 \times 4 = 32$ (cm)입니다.

> **다른 풀이**
>
> (원의 지름) = $8 \times 2 = 16$ (cm)
> 직사각형의 가로는 원의 지름의 2배이므로
> $16 \times 2 = 32$ (cm)입니다.

16 물을 덜어 내는 횟수가 적을수록 컵의 들이가 많습니다.
➡ ㉯ > ㉮ > ㉰

17 9월은 30일까지 있으므로 9월은 모두 $24 \times 30 = 720$ (시간)입니다.

18 합이 9이고, 차가 1인 두 수는 4와 5이므로 4와 5를 각각 분자와 분모로 하는 진분수를 만들면 $\frac{4}{5}$입니다.

19 • 진우가 먹은 귤의 수: 40의 $\frac{1}{4}$ ➡ 10개
• 동생이 먹은 귤의 수: 10의 $\frac{2}{5}$ ➡ 4개

20 옷의 실제 무게가 1800 g이므로 어림한 무게와 실제 무게의 차가 가장 적은 사람이 가장 가깝게 어림한 것입니다.
지호: 1910 g−1800 g=110 g,
도현: 1800 g−1250 g=550 g,
유진: 1800 g−1650 g=150 g
따라서 옷의 무게를 가장 가깝게 어림한 사람은 지호입니다.

21 • 나 모둠: $15 \times 2 = 30$(개)
• (나와 라 모둠이 모은 빈 병의 수의 합)
= 30+9=39(개)
➡ (다 모둠이 모은 빈 병의 수)
= 39−15=24(개)
• (합계) = 15+30+24+9=78(개)

23 선아네 반 학생들이 모은 빈 병은 모두 78 개입니다. 따라서 78개의 빈 병을 가져다 주면 돌려 받을 수 있는 돈은 모두 $78 \times 50 = 3900$(원)입니다.

24

채점 기준		
❶ 작은 원의 지름을 구함.	3점	4점
❷ 작은 원의 반지름을 구함.	1점	

25 가장 큰 두 자리 수: 98

가장 작은 두 자리 수: 36

➡ (가장 큰 수)×(가장 작은 수)

$=98×36=3528$

따라서 곱의 십의 자리 숫자는 2입니다.

26 어떤 수를 □라 하면 □÷7=9…4,

$7×9=63$ ➡ □$=63+4=67$입니다.

따라서 바르게 계산하면 $67÷5=13…2$

이므로 몫은 13이고 나머지는 2입니다.

27 $44-26=18$

➡ $44◎26=44×18=792$

28

채점 기준		
❶ 15분을 시간 단위로 나타냄.	2점	4점
❷ 공원을 몇 바퀴 돌 수 있는지 구함.	2점	

참고

60분은 1시간이므로 15분은 1시간의 $\frac{1}{4}$입니다.

29 $8\square÷\square=12…3$이므로

$\square×12=8\square-3$에서 □=7이면

$\boxed{7}×12=84$, $8\boxed{7}-3=84$입니다.

➡ □$=7$

30 (선분 ㄹㄷ)=(선분 ㄹㅇ)=21 cm

→ (선분 ㄱㅇ)=25-21=4 (cm)

(선분 ㄱㅇ)=(선분 ㄱㅁ)=4 cm

→ (선분 ㄴㅁ)=21-4=17 (cm)

(선분 ㄴㅁ)=(선분 ㄴㅂ)=17 cm

→ (선분 ㄷㅂ)=25-17=8 (cm)

➡ (선분 ㄷㅂ)=(선분 ㄷㅅ)=8 cm

→ (선분 ㄹㅅ)=21-8=13 (cm)

참고

먼저 반지름의 길이가 같은 선분들을 찾아봅니다.

(선분 ㄹㄷ)=(선분 ㄹㅇ)

(선분 ㄱㅇ)=(선분 ㄱㅁ)

(선분 ㄴㅁ)=(선분 ㄴㅂ)

(선분 ㅂㄷ)=(선분 ㄷㅅ)

4회 실전 모의고사 53~56쪽

1 12 **2** 26

3 $2\frac{1}{4}$ **4** 18

5 ㉢ **6** ⑤

7 $\frac{3}{5}$, $\frac{14}{15}$ **8** $3\frac{4}{5}$

9 12 cm **10** 840대

11 17

좋아하는 꽃별 학생 수

꽃	학생 수
개나리	☺☺☺☺☺☺☺
진달래	☺☺☺☺☺☺☺☺
장미	☺☺☺☺
백합	☺☺☺☺☺☺

☺10명
☺1명

12 장미 **13** <

14 189권 **15** 2 kg 800 g

16 15팩, 2개

17 마을별 쌀 생산량

마을	쌀 생산량
달님	🌾🌾🌾🌾🌾
햇님	🌾🌾🌾
별님	🌾🌾🌾🌾
구름	🌾🌾🌾🌾🌾🌾🌾

🌾100가마
🌾10가마

18 ㉡ **19** 14 cm

20 15개 **21** 10 L 500 mL

22 연주

23 (위에서부터) 8, 3, 3, 2

24 16개 **25** 식물원

26 112 cm

27 모범 답안 ❶ (주현이의 몸무게)

$=40$ kg 190 g-2 kg 870 g

$=37$ kg 320 g

❷ 따라서 주현이가 동생과 함께 몸무게

를 재면 37 kg 320 g$+19$ kg 980 g

$=57$ kg 300 g입니다.

답 57 kg 300 g

28 86   **29** 8자루

30 (모범 답안) ❶ 가장 짧은 도막의 길이를 □ cm라 하면 길이가 같은 두 도막의 길이는 (□+7) cm이고, 나머지 한 도막의 길이는 (□+7+8) cm, 즉 (□+15) cm입니다.

□+□+7+□+7+□+15=97,
□+□+□+□+29=97,
□×4=68, □=68÷4=17입니다.

❷ 따라서 자른 철사 네 도막의 길이는 17 cm, 17+7=24 (cm), 17+7=24 (cm), 24+8=32 (cm)입니다.

(답) 17 cm, 24 cm, 24 cm, 32 cm

풀이

1 18을 똑같이 6으로 나눈 것 중의 1이 3이므로 18 cm의 $\frac{4}{6}$는 3×4=12 (cm)입니다.

2

$$\begin{array}{r} 2\ 6 \\ 3\ \overline{)\ 7\ 8} \\ 6 \\ \overline{1\ 8} \\ 1\ 8 \\ \overline{0} \end{array}$$

3 삼각형 1개를 똑같이 4조각으로 나누었으므로 1조각은 $\frac{1}{4}$입니다.

대분수로 나타내면 삼각형 2개와 1조각이므로 $2\frac{1}{4}$입니다.

4 원의 반지름이 9 cm이므로 원의 지름은 9×2=18 (cm)입니다.

5 나머지는 나누는 수보다 반드시 작아야 합니다.

따라서 □÷5의 나머지는 5보다 작아야 하므로 5가 될 수 없습니다.

6 욕조의 들이로 가장 가깝게 어림한 것은 ⑤ 10 L입니다.

7 분자가 분모보다 작은 분수를 찾으면 $\frac{3}{5}$, $\frac{14}{15}$입니다.

8 $3\frac{1}{5}$과 $3\frac{4}{5}$는 자연수 부분이 같으므로 분자의 크기를 비교하면 $3\frac{4}{5}$가 더 큽니다.

➜ $3\frac{1}{5} < 3\frac{4}{5}$

9 컴퍼스의 침과 연필심 사이의 거리는 원의 반지름이므로 24÷2=12 (cm)로 해야 합니다.

10 (8시간 동안 만들 수 있는 자동차의 수)
= (한 시간 동안 만들 수 있는 자동차의 수)
　　× 8
= 105×8 = 840(대)

11 그림그래프에서 진달래를 좋아하는 학생은 17명입니다.

학생 수의 십의 자리 수는 10명을 나타내는 그림의 수로, 일의 자리 수는 1명을 나타내는 그림의 수만큼 그립니다.

12 그림그래프에서 10명 그림이 가장 많은 꽃은 장미입니다.

13

$$\begin{array}{r} 4\ \text{L}\ 450\ \text{mL} \\ +\ 2\ \text{L}\ 490\ \text{mL} \\ \hline 6\ \text{L}\ 940\ \text{mL} \end{array}$$

➜ 6 L 940 mL < 6 L 950 mL

14 (책꽂이에 꽂은 책의 수)
= (한 칸에 꽂은 책의 수)
　　× (책을 꽂은 책꽂이의 칸 수)
= 9×21 = 189(권)

15 바닷물 80 L를 증발시켜 얻을 수 있는 소금은 35×80=2800 (g)입니다.

➜ 1000 g=1 kg이므로
2800 g=2 kg 800 g입니다.

16 (전체 사과 수)÷(한 팩에 담는 사과 수)
= 77÷5 = 15…2
따라서 사과를 5개씩 15팩에 담을 수 있고, 2개가 남습니다.

17 마을별 쌀 생산량의 합이 970가마이므로 구름 마을의 쌀 생산량은
$970-240-220-330=180$(가마)입니다.
따라서 🎑 1개와 🌾 8개를 그립니다.

18 반지름을 구하면 © $18\div2=9$ (cm)입니다.
➡ © 11 cm > ㉠ 10 cm > © 9 cm
반지름이 작을수록 원이 작으므로 가장 작은 원은 ©입니다.

19 삼각형의 세 변의 길이는 각각 원의 반지름의 길이와 같으므로 원의 반지름은
$42\div3=14$ (cm)입니다.

20 (어머니와 슬기가 딴 사과 수)
$=105-43-17=45$(개)
슬기가 딴 사과 수를 □개라 하면
어머니가 딴 사과 수는 (□+□)개이므로
□+□+□=45, □×3=45, □=15입니다.

21 3850 mL=3 L 850 mL
(세 사람이 받아 온 물의 양)
=4 L 750 mL+3 L 850 mL
　+1 L 900 mL
=8 L 600 mL+1 L 900 mL
=10 L 500 mL

22 (나미가 주운 밤의 수)=$19\times38=722$(개)
(연주가 주운 밤의 수)=$28\times26=728$(개)
➡ 722<728이므로 연주가 주운 밤이 더 많습니다.

23
```
      7 ㉠
  ×   ㉡ 6
    4 6 8
  2 ㉢ 4 0
  ㉣ 8 0 8
```
• ㉠×6의 일의 자리가 8이므로
　㉠=3 또는 ㉠=8입니다.
　㉠=3일 때 $73\times6=438$ (×),
　㉠=8일 때 $78\times6=468$ (○)이므로
　㉠=8입니다.

• $8\times$©의 일의 자리가 4이므로
　©=3 또는 ©=8입니다.
　©=3일 때 $78\times3=234$ (○),
　©=8일 때 $78\times8=624$ (×)이므로
　©=3, ㉢=3입니다.
• $78\times36=2808$이므로 ㉣=2입니다.

24 (전체 학생 수)=$14\times8=112$(명)
따라서 필요한 농구공은 $112\div7=16$(개)입니다.

25 박물관: $4+5=9$(명),
미술관: $9+7=16$(명),
식물원: $8+10=18$(명),
고궁: $7+3=10$(명)
따라서 두 반의 학생 수를 합한 수가 가장 많은 식물원으로 현장 체험 학습을 가면 좋을 것 같습니다.

26 (원의 지름)=$4\times2=8$ (cm)

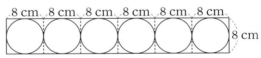

➡ (직사각형의 네 변의 길이의 합)
$=8\times14=112$ (cm)

27

채점 기준		
❶ 주현이의 몸무게를 바르게 구함.	2점	
❷ 주현이와 동생의 몸무게의 합을 바르게 구함.	2점	4점

28 $70\times\blacktriangle=\blacktriangle\times70$이므로 $\blacktriangle\times70$에서
$\blacktriangle\times60$을 빼면 $\blacktriangle\times10$과 같습니다.
$\blacktriangle\times10=860$이므로 $\blacktriangle=86$입니다.

29 연필 2타는 $12\times2=24$(자루)입니다.
24의 $\frac{1}{6}$은 4이므로 동생에게 4자루를 주고
$24-4=20$(자루)가 남았습니다.
20의 $\frac{1}{5}$은 4이고 20의 $\frac{3}{5}$은 $4\times3=12$이므로 친구들에게 12자루를 주고
남은 연필은 $20-12=8$(자루)입니다.

30

채점 기준		
❶ 가장 짧은 도막의 길이를 바르게 구함.	2점	
❷ 네 도막의 길이를 각각 바르게 구함.	2점	4점

1 936	**2** 48 cm
3 ㉢	**4** 14개, 1개
5 430명	**6** 48 kg 800 g
7 2장	**8** 32권
9 $\dfrac{35}{8}$	**10** 7군데
11 8 cm	**12** $\dfrac{65}{7}$
13 54바퀴	**14** ㉡, ㉣
15 38 cm	**16** 31
17 2 L 850 mL	**18** 12 cm

19 (모범 답안) ❶ 들이가 1 L 500 mL인 주전자로 물을 가득 담아 수조에 2번 부은 후, 들이가 2 L인 냄비로 물을 가득 담아 수조에 1번 붓습니다.

　(식) ❷ 1 L 500 mL+1 L 500 mL+2 L
　　　=3 L+2 L=5 L

20 30	**21** 7, 6, 4, 9 / 6876
22 110포기	**23** 50분

24 13, 13 /

꽃집별 꽃 판매량

꽃집	판매량
희망	🌷🌷
사랑	🌷🌷🌷🌷
소망	🌷🌷🌷🌷
행복	🌷🌷🌷🌷🌷🌷🌷🌷

🌷10다발
🌷1다발

25 (위에서부터) 4, 7

26 24개	**27** 112쪽

28 (모범 답안) ❶ 딴 사과는 284개이고
　(딴 배의 수)=20×23=23×20
　=460(개)입니다.
　❷ 따라서 (딴 감의 수)
　=900-284-460=156(개)입니다.
　　　　　　　　　　　　(답) 156개

29 400개	**30** 25 g, 120 g

풀이

1
$$\begin{array}{r} 3\,9 \\ \times\ 2\,4 \\ \hline 1\,5\,6 \\ 7\,8\,0 \\ \hline 9\,3\,6 \end{array}$$

2 큰 원의 지름은 작은 원의 반지름의 4배이므로 $12 \times 4 = 48$ (cm)입니다.

3 ㉠ 8 L 50 mL=8000 mL+50 mL
　　　　　　=8050 mL
　㉡ 1906 g=1000 g+906 g
　　　　　=1 kg+906 g
　　　　　=1 kg 906 g
　㉢ 7 kg 30 g=7 kg+30 g
　　　　　　=7000 g+30 g=7030 g
　㉣ 6400 kg=6000 kg+400 kg
　　　　　　=6 t+400 kg
　　　　　　=6 t 400 kg

4 $57 \div 4 = 14 \cdots 1$
　한 명에게 14개씩 나누어 주고, 1개가 남습니다.

5 인구가 가장 많은 마을은 100명 그림이 가장 많은 강변 마을이고 430명입니다.

6 (어머니의 몸무게)
　=72 kg 600 g-23 kg 800 g
　=48 kg 800 g

7 $110 \div 8 = 13 \cdots 6$
　8명의 학생들에게 13장씩 나누어 주고, 6장이 남으므로 적어도 2장이 더 있으면 남은 색종이도 똑같이 나누어 줄 수 있습니다.

8 (태수가 읽은 책의 수)
　=140-26-39-43=32(권)

9 $\dfrac{35}{8} = 4\dfrac{3}{8}$이므로 $4\dfrac{3}{8} > 3\dfrac{5}{8}$입니다.

　다른 풀이
　$3\dfrac{5}{8} = \dfrac{29}{8}$이므로 $\dfrac{35}{8} > \dfrac{29}{8}$ ➡ $\dfrac{35}{8} > 3\dfrac{5}{8}$
　입니다.

10 ,

➡ 4+3=7(군데)

11 정사각형의 한 변의 길이는 원의 반지름의 2배이므로 원의 지름의 길이와 같습니다.

➡ (한 원의 지름)=8 cm

12 만들 수 있는 가장 큰 대분수는 $9\frac{2}{7}$입니다.

$9=\frac{63}{7}$이므로 $9\frac{2}{7}=\frac{65}{7}$입니다.

> **주의**
> 가장 큰 대분수를 만들 때 자연수 부분에 가장 큰 수를 쓴 후, 나머지 숫자 카드로는 진분수를 만들어야 함에 주의합니다.

13 (27분 동안 회전하는 바퀴 수)
=2×27=54(바퀴)

14 하루는 24시간입니다.
ⓛ 24를 3씩 묶으면 8묶음이고,
9는 3씩 3묶음입니다. ➡ $\frac{3}{8}$시간
ⓔ 24를 1씩 묶으면 24묶음이고,
9는 1씩 9묶음입니다. ➡ $\frac{9}{24}$시간

15 원의 반지름 5개의 합이 95 cm이므로 원의 반지름은 95÷5=19 (cm)입니다.

➡ (원의 지름)=19×2=38 (cm)

16 ・7로 나누었을 때 나누어떨어지는 수:
7, 14, 21, 28, 35……
・7로 나누었을 때 나머지가 3인 수:
10, 17, 24, 31, 38……
따라서 25보다 크고 35보다 작은 수 중에서 7로 나누었을 때 나머지가 3인 수는 31입니다.

17 (덜어 낸 간장의 양)
=950 mL+950 mL+950 mL
=1 L 900 mL+950 mL
=2 L 850 mL

18 변 ㄱㄴ과 변 ㄱㄷ은 원의 반지름으로 길이가 같습니다.
원의 반지름을 □ cm라 하면
□+15+□=39, □+□=24, □=12입니다.

19

채점 기준		
❶ 물을 주전자로 2번, 냄비로 1번 가득 담아 수조를 채우는 방법을 바르게 설명함.	2점	4점
❷ 수조 채우는 방법을 식으로 바르게 나타냄.	2점	

20 170÷6=28…2
➡ ㉠=28, ㉡=2이므로
㉠+㉡=28+2=30입니다.

21 한 자리 수는 세 자리 수의 각 자리 숫자에 모두 곱하므로 가장 큰 수이어야 합니다.
따라서 한 자리 수는 9이고 나머지 세 수 4, 6, 7로 가장 큰 세 자리 수를 만듭니다.
➡ 764×9=6876

22 싱싱 가게: 15포기, 싸다 가게: 42포기, 좋은 가게: 23포기
(맛나 가게의 배추 판매량)
=15×2=30(포기)
➡ 15+42+30+23=110(포기)

23 (월요일부터 금요일까지의 컴퓨터 사용 시간)
=45+30+35+25+40=175(분)
(토요일과 일요일의 컴퓨터 사용 시간)
=260-175=85(분)
토요일의 컴퓨터 사용 시간을 □분이라 하면 일요일의 컴퓨터 사용 시간은 (□-15)분입니다.
□+□-15=85, □+□=100, □=50입니다.

24 (사랑 꽃집과 소망 꽃집의 꽃 판매량의 합)
=82-20-36=26(다발)
26÷2=13이므로 사랑 꽃집의 판매량과 소망 꽃집의 판매량은 각각 13다발입니다.

25
$$
\begin{array}{r}
7\ 2\ \textcircled{\scriptsize ㄱ} \\
\times \quad\quad 3 \\
\hline
2\ 1\ \textcircled{\scriptsize ㄴ}\ 2
\end{array}
$$

• ㉠×3의 일의 자리가 2이므로 ㉠=4입 니다.

• ㉡은 2×3에 일의 자리에서 올림한 수 1 의 합이므로 6+1=7입니다.

26 (헬륨 가스를 넣은 풍선 1개의 무게)
=3+2=5 (g)
➡ (풍선의 수)=120÷5=24(개)

27 남은 쪽수는 전체의 $\frac{1}{5}$이고 $\frac{1}{5}$은 28쪽입니 다. 읽은 부분은 전체의 $\frac{4}{5}$이고 $\frac{4}{5}$는 $\frac{1}{5}$이 4개이므로 28×4=112(쪽)입니다.

28

채점 기준		
❶ 딴 배의 수를 바르게 구함.	2점	4점
❷ 딴 감의 수를 바르게 구함.	2점	

29 오전에 만든 빵:

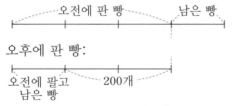

따라서 오전에 만든 빵의 $\frac{1}{2}$이 200개와 같 으므로 오전에 만든 빵은 200+200=400(개)입니다.

30 (과자 6개)+(빵 4개)=630 g이므로
(과자 12개)+(빵 8개)
=630 g+630 g=1 kg 260 g입니다.

$$
\begin{array}{r}
\text{(과자 12개)}+\text{(빵 8개)}=1\ kg\ 260\ g \\
-\ )\ \text{(과자 10개)}+\text{(빵 8개)}=1\ kg\ 210\ g \\
\hline
\text{(과자 2개)}\quad\quad\quad\quad =\quad\quad 50\ g
\end{array}
$$

➡ (과자 1개)=25 g
(과자 6개)=25×6=150(g)이고
150+(빵 4개)=630 g이므로
(빵 4개)=480 g입니다. 480÷4=120이
므로 (빵 1개)=120 g입니다.

2회 심화 모의고사   61~64쪽

1 5, 2
2 ㉢, ㉠, ㉡
3 97, 7, 13, 6 / 13 / 6
4 4 L 80 mL
5 12 cm
6 3배
7 >
8 $\frac{9}{9}, \frac{10}{9}, \frac{11}{9}$
9 8명
10 80명
11 4개
12 97권
13 54 cm
14 탁구공
15 ㉯ 그릇, 2 kg 885 g
16 69
17 3개
18 12 cm
19 6 kg
20 81
21 (위에서부터) 3, 6, 6, 2, 3, 1, 8
22 2배
23 (모범 답안) ❶ 어떤 수의 $\frac{2}{3}$가 24이므로 어떤 수의 $\frac{1}{3}$은 12입니다.
즉 어떤 수는 12×3=36입니다.
❷ 따라서 36의 $\frac{1}{4}$은 9입니다.   ⊜ 9
24 사과맛
25 38 m
26 5 L 600 mL
27 14 m
28 (모범 답안) ❶ (색 테이프 15장의 길이의 합)=57×15=855 (cm)입니다.
색 테이프 15장을 이어 붙였으므로 겹쳐 진 부분은 15-1=14(군데)이므로
(겹쳐진 부분의 길이의 합)
=12×14=168 (cm)입니다.
❷ 따라서 이어 붙인 색 테이프의 전체 길 이는 855-168=687 (cm)입니다.
⊜ 687 cm
29 1947
30 21개

풀이

1 $\frac{45}{9}=5$이므로 $\frac{47}{9}=5\frac{2}{9}$입니다.

➡ ㉠=5, ㉡=2

2 ㉢ 3 t=3000 kg이므로 가장 무겁고,
㉠ 8 kg=8000 g, ㉡ 7995 g이므로
㉠>㉡입니다.

➡ ㉢>㉠>㉡

3 나누는 수와 몫의 곱에 나머지를 더하면 나누어지는 수가 됩니다.

4
$$\begin{array}{r} 6\text{ L }430\text{ mL} \\ -2\text{ L }350\text{ mL} \\ \hline 4\text{ L }\ \ 80\text{ mL} \end{array}$$

5 큰 원의 반지름은 작은 원의 지름과 같습니다.

(큰 원의 지름)=(작은 원의 지름)×2
$\qquad\qquad\quad =6×2=12$ (cm)

6 야구를 좋아하는 학생 수: 9명
농구를 좋아하는 학생 수: 3명

➡ $9÷3=3$(배)

7 $386×8=3088$

➡ $3088>3002$

8 분모가 9인 분수의 분자를 □라 하면 $\frac{□}{9}$가 $\frac{12}{9}$보다 작은 가분수일 때 □가 될 수 있는 수는 9, 10, 11입니다.

➡ 구하는 가분수는 $\frac{9}{9}$, $\frac{10}{9}$, $\frac{11}{9}$입니다.

9 $125÷9=13\cdots8$이므로 짝을 짓지 못하고 남은 학생은 8명입니다.

10 (라 마을에 사는 초등학생 수)=420(명)
(가 마을에 사는 초등학생 수)=340(명)
따라서 $420-340=80$(명) 더 많습니다.

11 대분수는 자연수와 진분수로 이루어진 분수입니다.

따라서 $3\frac{2}{8}<□\frac{□}{8}<3\frac{7}{8}$인 대분수는 $3\frac{3}{8}$, $3\frac{4}{8}$, $3\frac{5}{8}$, $3\frac{6}{8}$으로 모두 4개입니다.

12 세윤: 17권, 승민: 26권,
주연: 31권, 진원: 23권

➡ $17+26+31+23=97$(권)

13 (삼각형 ㄱㅇㄴ의 세 변의 길이의 합)
$\quad=16+16+22=54$ (cm)

14 (야구공의 수)=$38×20=760$(개)

➡ $986>760$이므로 탁구공이 더 많습니다.

15 4 kg 840 g>1 kg 955 g이므로
㉯ 그릇에 담은 모래가
4 kg 840 g−1 kg 955 g=2 kg 885 g
더 무겁습니다.

16 57은 약 60이고 $60×60=3600$,
$60×70=4200$이므로
□ 안에 70을 넣어 계산해 봅니다.
$57×70=3990$, $57×69=3933$,
$57×68=3876\cdots\cdots$
따라서 □ 안에 들어갈 수 있는 자연수 중 가장 작은 수는 69입니다.

17 별빛 초등학교의 입학생 수는 150명입니다.
$50×3=150$이므로 50명 그림을 3개 그려야 합니다.

18 (변 ㄱㄴ)=(변 ㄴㄷ)=(큰 원의 반지름)
(변 ㄷㄹ)=(변 ㄹㄱ)=(작은 원의 반지름)

➡ (작은 원의 반지름)×2
$\quad =58-17-17=24$,
(작은 원의 반지름)=$24÷2=12$ (cm)

19 승용차를 타고 간 거리 50 km는 10 km의 5배이므로 할머니 댁을 가는 데 발생시킨 이산화탄소 배출량은
1 kg 200 g+1 kg 200 g+1 kg 200 g +1 kg 200 g+1 kg 200 g
=5 kg 1000 g=6 kg입니다.

20 50과 90 사이의 수 중 9로 나누면 나누어떨어지는 두 자리 수는 54, 63, 72, 81입니다. 이 수들을 7로 나누면 $54÷7=7\cdots5$, $63÷7=9$, $72÷7=10\cdots2$, $81÷7=11\cdots4$입니다. 따라서 이 중 나머지가 4인 수는 81입니다.

21 나누는 수는 나머지가 5이므로 5보다 크고 몫의 십의 자리가 1이므로 8보다 작거나 같습니다. ➡ 나누는 수는 6, 7, 8 중 하나입니다.

나누는 수가 6일 때

$$
\begin{array}{r}
1\,3 \\
6\,\overline{)\,8\,3} \\
6 \\
\overline{2\,3} \\
1\,8 \\
\overline{5} \;(\bigcirc)
\end{array}
$$

나누는 수가 7일 때

$$
\begin{array}{r}
1\,1 \\
7\,\overline{)\,8\,3} \\
7 \\
\overline{1\,3} \\
7 \\
\overline{6} \;(\times)
\end{array}
$$

나누는 수가 8일 때

$$
\begin{array}{r}
1\,0 \\
8\,\overline{)\,8\,3} \\
8 \\
\overline{3} \;(\times)
\end{array}
$$

22 원의 반지름을 1이라 하면
(정사각형 ㄱㄴㄷㄹ의 네 변의 길이의 합)
$=4\times4=16$
(정사각형 ㅁㅂㅅㅇ의 네 변의 길이의 합)
$=2\times4=8$
➡ $16\div8=2$(배)

23

24 딸기: 5명, 사과: 9명, 초콜릿: 7명, 바나나: 3명
따라서 두 모둠의 학생 수를 합한 수가 가장 큰 사과맛을 사면 좋을 것 같습니다.

25 호영: 63 m의 $\dfrac{2}{9}$

➡ 63 m를 똑같이 9묶음으로 나누면 1묶음은 7 m이고 7 m씩 2묶음은 $7\times2=14$ (m)입니다.

따라서 누나와 호영이가 사용한 철사는 모두 $24+14=38$ (m)입니다.

26 4500 mL$=$4 L 500 mL이므로
(1분 후에 남은 물의 양)
$=$4 L 500 mL$-$3 L 100 mL
$=$1 L 400 mL입니다.
➡ (4분 후에 남은 물의 양)
$=$1 L 400 mL$+$1 L 400 mL
$\quad+$1 L 400 mL$+$1 L 400 mL
$=$5 L 600 mL

27 도로 한쪽에 설치해야 하는 의자는
$16\div2=8$(개)입니다.
처음부터 끝까지 의자를 설치하려면 간격의 수는 $8-1=7$(군데)이므로
$98\div7=14$ (m) 간격으로 설치해야 합니다.

28

29 한 수를 □라 하면 다른 한 수는
□$+26$입니다.
□$+$□$+26=92$, □$+$□$=92-26$,
□$\times2=66$, □$=33$
따라서 어떤 두 수는 33, $33+26=59$이므로 두 수의 곱은 $33\times59=1947$입니다.

30 원의 지름은 $2\times2=4$ (cm)입니다. 삼각형의 세 변의 길이의 합이 60 cm일 때를 □번째라 하면 □번째 모양의 삼각형의 한 변의 길이는 (□$\times4$) cm이고 한 변에 놓이는 원의 수는 (□$+1$)개입니다.
삼각형의 세 변의 길이의 합은
(□$\times4\times3$) cm이므로 □$\times12=60$에서 □$=5$입니다. 따라서 한 변에 놓인 원은 $5+1=6$(개)이므로 그린 원은 모두
$1+2+3+4+5+6=21$(개)입니다.